高等院校建筑类
"十三五"规划教材

景观建筑

刘叶舟 ——————— 编著

Principle and Application of
landscape
Architecture Design
设计原理与应用

U0199351

中国林业出版社

内容简介

本书主要从景观建筑的定义、主要景观建筑类型的设计方法及结构形式与材料等几个方面介绍景观建筑设计的特点。

全书分为4章，其中景观建筑的概念、发展脉络、景观建筑教育、影响景观建筑设计因素分别在前2个章节阐述。在阐述过程中结合大量实例，讲解了景观建筑设计的基础知识，在后面2章重点阐述了不同类型景观建筑的设计特点，全书图文并茂，内容深入浅出，易学易教。

本书可作为普通高等教育院校建筑学、风景园林、城乡规划、环境艺术等相关专业课程的低年级教学用书，也可为上述相关专业设计人员和管理人员提供参考。

图书在版编目（CIP）数据

景观建筑设计原理与应用 / 刘叶舟编著. — 北京：中国林业出版社, 2019.8
高等院校建筑类"十三五"规划教材
ISBN 978-7-5038-8025-4

Ⅰ.①景… Ⅱ.①刘… Ⅲ.①景观 – 建筑设计 – 高等学校 – 教材 Ⅳ.①TU-856

中国版本图书馆CIP数据核字(2015)第123185号

景观建筑设计原理与应用

刘叶舟　编著

策划编辑　吴　卉
责任编辑　吴　卉　高兴荣

出版发行　中国林业出版社
　　　　　邮编：100009
　　　　　地址：北京市西城区德内大街刘海胡同7号 100009
　　　　　电话：010 – 83143552
　　　　　邮箱：jiaocaipublic@163.com
　　　　　网址：http://lycb.forestry.gov.cn
经　　销　新华书店
印　　刷　北京雅昌艺术印刷有限公司
版　　本　2018年9月第1版
印　　次　2018年9月第1次印刷
开　　本　889 mm×1194 mm　1/16
印　　张　14
字　　数　380 千字
定　　价　49.00元

前　言 FOREWORD

　　景观建筑设计是一门实践性很强的专业课程，涉及风景园林、规划设计、建筑概论、建筑构造、建筑材料等众多学科内容。由于景观建筑设计的学习内容繁多，初学者通常感到无从下手，本书从理论与实践结合的角度出发，将相关景观建筑设计理论与设计实践进行整合，以实践设计资料来阐述理论，希望以浅显精简的叙述与解释，力求把一些景观建筑设计的基本问题深入浅出地表述清楚，达到方便易用的目的。

　　全书分为4章，第1章分述景观建筑概念及发展历程，使初学者具备初步的概念知识；第2章通过对影响景观建筑设计的诸多因素的分析讲解，帮助初学者构建正确、完善的设计思路；第3章以景观建筑设计实践为主，在理论指导下进行实践分析，通过大量实例图片，对服务类、管理类、游憩类、小品类、墓园类5种景观建筑类型进行全面介绍，使初学者初步掌握常规的设计思路和解决问题的方法；第4章讲述了景观建筑材料与结构类型，这部分内容是目前景观建筑设计教材中的薄弱之处，但却是设计实践中的要点，编者从建筑学科基础知识中整合补充了本章内容，选用案例丰富新颖，以增加初学者对材料和工艺美学的意识及运用。

　　本书在编写过程中，得到刘云碧、张琛、张雁鸽、邓小杰、周川、曹斐、李天宇等人的帮助，在此表示谢意。限于作者水平，也苦于缺乏系统编写景观专业教材的经验，书中的错误与不足在所难免，尚望得到各方面的批评指正。

编　者

2018 年1月

目录 CONTENTS

03 景观建筑设计原理与应用
PRINCIPLE AND APPLICATION OF
LANDSCAPE ARCHITECTURE DESIGN

04 景观建筑材料与结构选型
SELECTION OF LANDSCAPE ARCHITECTURE
MATERIALS AND STRUCTURE

01

PANDECT

总论

图1-1　自然地理学之父A·V·洪堡

1.1　景观建筑

1.1.1　景观概念

"景观"概念在不同领域有着很大的差异，我们主要从地理学、生态学、文化景观三个方面的含义进行讲述。

1.1.1.1　地理学概念

景观一词作为一个专门的学术用语原为自然地理学概念，最早源自自然地理学之父A·V·洪堡（Friedrich Wilhelm Heinrich Alexander von Humboldt，图1-1）的著作。他从地理生物发生学角度，综合划分地理面类型，归纳起来，有三种含义：

① 一般概念。源指地表自然景色或自然–人文的综合景色；

② 特定区域概念。指发生相对一致和形态结构同一的区域；

③ 类型概念。指相互隔离的地段，按其外部特征的相似性划分的类型单位。从景观建筑领域研究的景观，一般是指地表的自然景观或自然—人文的综合景色（图1–2）。

图1-2 综合景色
图1-3 景观生态学家C.特罗尔
图1-4 美国地理学家C. O. 索尔
图1-5 安徽宏村
图1-6 元阳梯田

1.1.1.2 生态学概念

景观生态学家特罗尔（Carl Troll，图1-3）将地理学与生态学相结合，将空间与时间相结合，真正把"景观"和"生态"联系在一起，进而提出了"景观生态"的概念。❶ 他于1939年正式提出"景观生态学"一词，并在1968年将其定义为："研究一个给定景观区段中生物群落和其环境间的主要的、综合的、因果关系的科学。这些关系在区域分布上具有一定的空间结构（景观镶嵌体与组合），在自然地理分布上具有等级结构。" ❷ 从生态学角度所定义的景观是一个广义的人类生存空间的"空间和视觉总体"，包括地圈、生物圈和智能圈的人工产物。从空间构成上看，景观由斑块、廊带和衬质镶嵌而成，这三部分构成了景观的空间格局。

1.1.1.3 文化景观概念

文化景观论者则强调文化对自然景观的作用和影响，20世纪20年代，美国地理学家C. O. 索

❶ 夏婕. 从景观生态学角度论土壤破碎化过程及其影响[J]. 城市规划, 2011(11): 48-49.
❷ http://zhidao.baidu.com/link?url=oBIVqy2ZgzPr8cDJg1181ncvtKQzD27I2tUPO1wzIOouEygVuU25DpRKZ4pE-dihuBraUSwkG1SBfF6CwWfRa.

尔（C. O. Sauer，图1–4）创立了文化景观学派。关于文化景观的概念，索尔给出了经典的定义。他在1925年发表的《景观的形态》一文中指出，文化景观是任何特定时期内形成的构成某一地域特征的自然与人文因素的综合体，它随人类活动的作用而不断变化。人文地理学的核心是解释文化景观。[3] 此后，他又在1927年发表的《文化地理的新近发展》中进一步阐释了文化景观是附加在自然景观上的各种人类活动形态。[4] 它是由自然景色、田野城市、公路、建筑以及人物等所构成的文化现象的复合体，在这一层面，景观成为承载人类传统文化的物质符号。它使得作为客体存在的景观具有了主观情感上的因素，而区别于纯粹的自然景观。文化景观具有区域性特点，不同的文化形成差异的文化景观（图1–5、图1–6）。

通过上述对景观概念多角度的观察，可以看出景观内涵具备以下3层含义：

① 景观既是一种视觉景象，也是一种知觉景象。在视觉这一层面，景观视觉质量对于人的空间体验起到至关重要的作用。视觉是人类获取外界信息最重要的方式，其他各种因素在很大程度上要通过视觉空间得以呈现，并以视觉符号的形式存储。在视觉层面，景观设计通过营造可视景象来传达信息，不断发现和创造具有审美特征的自然或人工景物。在知觉这一层面，景观包含两部分内容。一部分是作为客体的"景"，另一部分是作为主体的"观"。"景"即是景象，"观"即是人的观察、体验，是一个视觉印象与心理体验的综合过程。景观是客观存在且被人感知的结果。其中不仅包括人通过视觉系统的感知，同时还涉及人的其他各种感觉，如听觉、嗅觉、触觉等。虽然人的这些感觉系统具有一定的洞察力，但感受过程还是存有局限性，而且每个人对于空间的感知能力不尽相同，所以观者通常并不能完全准确感知外界事物。同时由于每个人的记忆、个性、知识结构以及传统文化民族背景等方面的差异，其对同一景物获得的空间体验会有所不同，甚至相去甚远。这就意味着景观作为知觉对象，不同于单纯视觉层面的景观，它和人的知觉特性有着直接关系。因此，作为景观设计，对于环境中人的关注是不可或缺的。

② 景观生态。景观作为人类赖以生存的空间环境，景观的生态对于人们的生活品质甚至环境安全都至关重要。因为"人和自然的关系问题不是一个为人类表演的舞台提供一个装饰性背景，或者改善一下肮脏的城市问题，而是需要把自然作为生命的源泉、社会的环境、诲人的老师、神圣的场所来维护……"。[5] 景观生态层次就是科学综合利用土地、水体、动植物、气候等自然资源，使环境整体协调，保持有序的生态平衡。

[3] Sauer C. O. The morphology of landscape[J]. University of California Pub—lication in Geography, 1925(2): 19–54.
[4] Sauer C. O. Recent development in cultural geography[C]// Hayes E. D. Recent Development in the Social Sciences. New York: Lippincott, 1927: 98–118.
[5] 麦克哈格. 设计结合自然[M]. 芮经纬, 译. 北京: 中国建筑工业出版社, 1992: 32.

③ 景观文化。景观和文化是密切相关的，这不仅包括景观中积淀的历史文化内涵、艺术审美倾向，还包括人的文化背景、行为心理带来的景观审美需求。其景观的可行、可看、可居住往往与各种文化背景有着广泛的联系。因此，景观要想真正成为人类理想的栖居场所必须在文化层面进行深入的思考。

1.1.2 景观建筑

景观建筑（Landscape Architecture）一词是吉尔伯特·密森（Gilber Meason）在其1828年《论意大利伟大绘画中的景观建筑》一书中，首次使用该词，随后被弗雷德里克·奥姆斯特德（Frederick Olmsted）和沃克斯（Vaux）在1858年纽约中央公园的规划中借用。景观建筑成为描述特定的环境设计行业的世界通用词汇。尽管"景观建筑"已经出现了近200年，并且已经成为专门的设计行业，然而它的定义依然含混不清，对景观的理解也总是随着对待环境问题的态度变化而改变。作为学术命题和实践的对象，其原理的探究已然拓宽了范围，设计实践中也牵涉了更多的环境问题。❻

1.1.2.1 景观建筑定义

根据《牛津园艺指南》，"景观建筑是将天然和人工元素设计并统一的艺术和科学。运用天然的和人工的材料——泥土、水、植物、组合材料——景观建筑师创造各种用途和条件的空间"。景观建筑其最重要的功能在于创造并保存人类生存的环境与扩展乡村自然景观的美，而同时借由大自然的美景与景观艺术，提供给我们丰富的精神生活空间，使生活舒适和便利。

由此可知，景观建筑是将土地及景观视为一种资源，并依据自然、生态、社会、行为等科学的原则从事规划与设计，使人与资源之间建立一种和谐整体的关系，并给人以生命感和归属感，使人得到充分地享受。我们将这些在空间环境中具有造景功能，同时又能供人游览、观赏、休息的各类建筑物称之为景观建筑。景观建筑在空间环境中具有景观与观景的双重身份。

1.1.2.2 景观建筑分类

在人类的发展历史中，建筑始终充当着人与自然及环境沟通的媒介，而人与自然及环境沟通主要体现在两个层面上，即物质层面和精神层面。景观建筑作为形成景观环境的重要因素之一，在功能上既要满足景观的使用要求，又要与所处的景观环境密切结合、融为一体。从这层意义上讲，景观建筑也分为两大类别，即满足人与自然环境在物质需求方面沟通的景观建筑和满足人与

---

❻ 本小节内容主要在吴家骅《景观形态美学》基础上加以归纳整理.

自然环境在精神需求方面沟通的景观建筑。景观建筑从不同的角度,可以有多种划分,这里从比较常见的角度讲述一下景观建筑依据其功能、性质不同划分的分类。

(1)景观建筑的功能分类

设计的最终目的是为了使用,景观建筑按使用功能可分为:服务类、管理类、游憩类、综合类、小品类、墓园类六种类型。

① 服务类。即指类景观建筑主要包括餐厅、茶室、小卖部、接待室、展览室、旅馆、公共厕所等,一般来讲这类建筑在景观环境中,体量不大,但与人群关系密切,融使用功能与艺术形式为一体。

② 管理类。即指景观建筑主要包括办公室、门房、设备用房等,这类建筑在景观环境中为管理提供服务。

③ 游憩类。即指景观建筑主要包括亭、廊、榭、舫、码头、观景台等,这类建筑在景观环境中为游客的娱乐、观光等提供服务。

④ 综合类。即指景观建筑指包含两种及两种以上使用功能的建筑。这类景观建筑一般依据景观功能布局要求来设置。

⑤ 小品类。即指景观建筑主要包括景墙、花架、雕塑等,这类景观建筑一般是在外部环境中供休息、装饰、照明、展示和为管理者及游人使用的小型建筑设施。

⑥ 墓园类。墓园不仅是逝者灵魂安息的地方,也是生者对逝者纪念与缅怀的场所,其景观建筑主要包括墓碑、墓墙、雕塑、铺地等。

(2)景观建筑的性质分类

在物质生活及其丰富的现代社会,人的生产目的已经不仅是为了满足物质层面的需求,而更注重的是精神方面的价值。景观建筑在景观环境中具有一定的约束、导向、启发等各种意向的特征,是功能和精神的共同载体。依据景观建筑在景观环境中的不同性质,景观建筑可分为下面三类:

① 物质功能与精神功能并重的景观建筑。即指那些本身具有较强的实用功能,同时造型、设计、立意等方面极具特色,使之能够成为环境中极为抢眼的视角主角,能够烘托气氛点染环境的建筑。例如,坐落于浙江平湖东湖之畔的李叔同纪念馆,以莲花为外形,旨在再现李叔同(弘一大师)横溢的才华,展示大师在佛学、文学、戏剧、音乐、书法、绘画等领域的非凡艺术成就,体现大师宽广的胸怀和高洁的品质(图1-7)。

② 精神功能超越物质功能的景观建筑。这类景观建筑的特点是对环境贡献较大,具有非必

要性的使用功能，多为休闲，娱乐之用。例如，濒临昆明滇池草海北滨的大观楼建成后，成为当时达官显贵临湖宴饮，文人墨客登楼歌赋的场所。著名的大观楼长联，便是清康熙年间名士孙髯翁登大观楼有感而作（图1-8）。

③ 以精神功能为主导，附带某些使用功能但主要起装点环境作用的景观建筑。其主要作用是造景、愉悦人们的精神。例如，俄罗斯圣彼得堡夏宫的喷泉群，顺应环境地势沿线性设计的园林景观，集雕塑、喷泉、水池、花坛为一体，置身其中，给人以舒适之感（图1-9）。

1.1.2.3 景观建筑设计原则

（1）整体性原则

景观建筑设计是一项复杂、完整的系统，除了包含视觉、功能、技术、心理等因素，还包含社会、经济、人文、自然等方面的因素。因此，景观建筑不是独立的游赏空间，而是人造景观与自然景观的有机结合体，应作为人类生活空间和自然环境的整体体系来设计。例如，伦佐·皮亚诺设

图1-7　李叔同纪念馆
图1-8　大观楼
图1-9　俄罗斯圣彼得堡夏宫的喷泉群

计的新卡里多尼亚吉巴欧文化中心，在尊重当地文化、环境、风俗的基础上将建筑的各种使用功能——图书馆、多媒体中心、咖啡馆、书店、会议室、演出空间等装进十个大小不一的豆荚状"容器"中，这些建筑高低不等、错落有致，与半岛微曲的轴线相协调，形成了新型的半岛景观。由玻璃、不锈钢和外层薄木屏风组成的曲线结构形式，既能阻挡太阳的照射，又可分散风力。每当风吹过时，薄木会发出软柔悦耳的声音，整个建筑与周围的环境仿佛融为了一体，形成了独特而富有魅力的建筑形象（图1-10）。

又如墨西哥阿卡普尔科山的日落小礼拜堂（图1-11），是观看日落的最佳位置，但建设用地周围的大树及庞大的巨石遮挡了日落景观，针对用地周边的敏感特征（图1-12），设计师将抬高

图1-10 新卡里多尼亚吉巴欧文化中心
图1-11 墨西哥阿卡普尔科山的日落小礼拜堂
图1-12 建筑与环境融为一体

的建筑接地面积尽量减少，以降低对场地的影响，力求使建筑与环境融为一体，成为山顶上的"另一块巨石"。

（2）环境性原则

景观建筑与所处的景观环境有着密切的关系，因此在进行景观建筑设计时，对景观建筑周边各种因素的分析和关注显得尤为重要，贴切环境的景观建筑设计能使整体的景观环境品质得到提高。例如，北京市怀柔区小村庄的图书馆外部设计，设计师采用当地村民们常年收集堆放在每个房屋周围用于生炉子烧火的树枝条，作为建筑外立面材料，用它们巧妙地覆盖在建筑外立面，使建筑呈现出极其熟悉的肌理，将图书馆柔和低调地融入自然景观中，变成完全自然的状态（图1-13）。

坐落在扬州体育公园内的新体育馆设计，也是注重建筑环境化思维的设计体现。建设基地本身高低起伏，绿化成林，有着很好的环境品质。依据地势走向，设计师将容纳4万人的体育场利用地形高差将体育场设置在地势的低处，观众由上而下进入，座位则利用原来土坡加工成台阶形状，呈草坡状设置看台，在建筑造型上以朴素无华的形象与山势和整体环境取得协调，成为扬州新区的一个城市景观的新标志（图1-14）。

图1-13　北京市怀柔区小村庄图书馆

（3）时代性原则

优秀的景观建筑对于一个时代来说代表着人类的进步，往往具有特别的意义，具有很高的学术价值，是人们生产与生活的结晶。因此在进行景观建筑设计时，应体现出当下时代的风貌。例如，贝聿铭设计的苏州博物馆，在充分研究和理解当地文化的基础上，用现代的建筑语言诠释了苏州传统园林建筑的内涵。新馆建筑采用了钢结构技术，极大解放了空间。建筑得以自由布局，明亮

图1-14　扬州体育公园内的新体育馆
图1-15　苏州博物馆

畅通，形成明快的现代建筑意向，彻底改变了传统建筑沉闷的气氛。屋顶设计上采用了几何形态的坡顶取代传统的坡屋顶，使室内空间充满了情趣。大量新技术、新材料和设计手法的运用，使这组新建筑既有传统苏州园林建筑特色，又处处散发着时代的气息（图1-15）。

1.1.2.4 景观建筑设计的发展趋势

（1）感性化的情感体验

现代景观建筑不仅是人们舒缓精神压力和身体疲劳的必要场所，更是人们心灵交汇感情交流的重要空间形式。情感成为景观建筑设计的基调，浸润着人们疲惫的、躁动的、不安的、受伤的心灵，使其获得暂时的慰藉和安宁。

在现代景观环境设计中，人与环境的关系不再仅是简单的依存关系，它也是一种必然的情感生活体验。良好的景观建筑环境不但能使人赏心悦目，还能深深地影响着观者的情绪，激发起特定的意趣，创造一定的意境。因此，对景观环境的感受也就不仅仅停留在感官上，精神品质的心理追求也会是必然的趋势。例如，云南大理玉几岛杨丽萍艺术酒店，白天温暖的散漫阳光，黄昏日落苍山的乱云飞渡，夜晚触手可及的星斗银河，庭院微风中绽放的山茶，壁炉里噼啪燃烧的木柴，所营造的山水之间居家的美丽意境，成为了都市人向往的世外桃源（图1-16）。

尼泊尔博卡拉SHANGRI-LA酒店设计，在坐拥湖观山色的景观环境中，酒店以小巧的尺度、粉白色的墙壁和黛青色的屋瓦以及当地红砖构成的景观建筑空间，给休闲度假的人们营造了一个惬意的度假环境（图1-17）。

（2）技术化与艺术化的结合

科学与艺术是人类文化的主要成果。随着人类社会的发展和进步，科学与艺术这种被视为文化的两个"极点"，互不相融的界限被打破，长期的社会实践证明科学与艺术的最高境界就是浑然一体的共融与互补，能够体现为一种永恒的美。

图1-16 云南大理玉几岛杨丽萍艺术酒店

图1-17　尼泊尔博卡拉SHANGRI—LA酒店
图1-18　西班牙毕尔巴鄂古根海姆博物馆

　　现代景观建筑设计作为植生于一个时代的实用性艺术，它本身就需要各方面的知识与技术的支撑，也注定要受到不断发展的现代科学技术的极大影响和制约。正是科学技术革命性的力量推动了现代景观建筑的不断演变与发展。科学技术作为反映人类文明的重要标志之一，很自然地会反映到现代景观建筑设计建设之中。现代景观建筑作品成为展示科学、技术、经济的舞台，新材料、新技术、新工艺被频繁地应用于设计中，并且以生活化的形式服务于现代人类。同时，现代景观建筑的高技术也需要艺术的不断渗入，功能与艺术被有机地结合在一起，在夸张、优美的艺术化形式中展现新技术的成果，从而创造了适合现代人审美观念的"高技艺术"空间。例如，由美国建筑师弗兰克·盖里（Frank O.Gehry）设计的西班牙毕尔巴鄂古根海姆博物馆，该博物馆整体结构是借助一套空气动力学使用的电脑软件逐步设计而成，整个建筑由一群外覆钛合金板的不规则双曲面体量组合而成的一艘巨大的银色的航母，停泊在内尔维翁河湾旁，随着日光入射角的变化，建筑的各个表面都会产生不断变动的光影效果，避免了大尺度建筑在北向的沉闷感。博物馆雕塑般的造型，给人以强烈的视觉冲击（图1-18）。

（3）人性化的体现

现代设计作为人类物质文化的审美创造活动，其根本目的是服务于人。因此，设计活动自始至终都必须从主体出发，把人的物质与精神需求放在第一要素的位置上来考虑。人性化设计的核心是满足作为设计主体的人的需求，它要求设计师对人们已萌发的需求进行分析研究，以设计出满足特定社会群体需求的作品。例如，位于泰国清迈南部起伏的群山与平坦的稻田交界处的Panyaden学校项目设计，从取材到造型都来源于自然——学校各种功能用房造型源于日常生活，有的似飞鸟，有的似树叶，以满足孩子对自然界探奇心理，建筑所用的建筑材料都是当地的泥土和竹子，这些元素经过设计师们的精心安排，不仅合理地使用于结构和构造，发挥物理上的特性，而且充分展现了材料的质地和色泽的美。整个建筑群犹如一个个形态各异的动植物镶嵌在绿色满园的大地景观中（图1-19）。

（4）可持续发展的原则❼

可持续发展是1987年联合国世界环境与发展委员会在《我们共同的未来》中所提出来的，即"可持续发展是满足现在的发展需要的同时，不以牺牲将来后代的发展需要为代价"。简而言之，可持续发展就是采用一系列手段来确保我们的资源不被耗尽，并且以环境和经济的概念有效地使用我们的资源。

可持续发展在建筑工业发展理论上可进一步分为环境的可持续性、经济的可持续性和社会的可持续性三个方面。环境的可持续性是指保持生态系统的完整性，提高环境资源的承载能力，增强生物多样性，提高空气和水的质量，保护自然资源，减少废弃物流和利用可再生资源；经济的可持续性是指降低建筑运营费用，提高建筑使用者的生产能力和优化建筑生命周期的经济表现；社会的可持续发展性是指提高居住者的健康和舒适度，尽量减少对当地市政基础设施的压力，增强当地社区的生活质量和提高审美素质。

从上面的阐述，我们可以看出可持续发展是一个包含领域极广，具有多角度多空间的发展理念。反映在景观建筑领域中，则是一个以提高人类生存状态为基础的，探索如何更好地利用各种资源的前瞻性设计理念。

坐落在美国风景如画的圣克鲁兹山脉上的螺旋形住宅，设计师在尊重地形的基础上，采用将原来的山体（矮于正常屋顶的部分）移除后建造房子，房子建好后再将山体围绕建筑堆起来的设计手法。使建筑形体与山体的原始等高线及轮廓一致，成为了自然景观的延续，没有破坏自

---

❼ 本内容主要在马薇、张宏伟《美国绿色建筑理论与实践》第一章内容基础上加以归纳整理.

图1-19　泰国Panyaden学校

然生态系统。前院的"鼻子"为建筑和院子提供了视觉衔接（图1-20），并有排除大量屋顶雨水的功能，从而降低了采用喷灌系统的必要性。

覆土式的螺旋形住宅形式能调节建筑室内温度并保持恒温，降低了对外部电源的依赖，减轻了环境影响。建筑中使用的材料是当地、自然和可循环材料的结合。构架体系、装饰以及内部分隔都是用当地木材制品制造的。由于不需要长距离运输到建筑工地，当地加工材料和家具降低了环境影响。螺旋形住宅有效地把可持续设计原则体现在建筑上，对生态环境无危害，依然舒适并且外观迷人。

位于越南平阳省土龙木市人工湖上的wNw酒吧，是运用可持续发展设计理念的另一案例。在该项目设计中，设计师将当地材料——竹子组成的弓形结构作为建筑的圆屋顶（图1-21），屋顶的上部设有孔洞，利用自然风能以及来自人工湖的冷却水调节建筑内部的空气，形成自然地空气调节系统，使建筑内部产生的热气流在此疏散到外界环境中。建筑质朴的造型与周围环境融为一体。

1.2　景观建筑发展历程

景观建筑作为造景的重要组成部分有着悠久的发展历史，现代意义的景观建筑为了适应新时代需求，在概念和内涵方面都较传统园林有了极大地丰富和补充。故而初步、全面地了解各种景观建筑类型的发展沿革，掌握相关基础知识，将有利于景观建筑方案设计任务的全面展开。

1.2.1 中国古典园林的发展与特点[8]

古典园林艺术是中国灿烂古代文化的组成部分，是世界范围内历史最久、持续时间最长、分布范围最广的一种园林体系。它是中国古代哲学思想、宗教信仰、文化艺术的综合反映，与世界其他园林体系相比，其历史变迁、文化与美学特征、设计手法均有鲜明的特色。

中国古典园林大约从公元前11世纪奴隶社会前期直到19世纪末封建社会解体为止，在3000余年的发展过程中，形成了独树一帜的东方园林体系，按历史年代和园林产生、发展与过程可分为生成期、发展期、全盛期、成熟期四个时期，各时期具有不同的特点。

---

[8]　本小节内容主要在周维权《中国古典园林史》、刘福智等的《景园规划与设计》的基础上加以归纳整理.

图1-20　圣克鲁兹山脉上的螺旋形住宅
图1-21　越南平阳省土龙木市
人工湖上的wNw酒吧

1.2.1.1 生成期（前11世纪—前220年）

中国古典园林的生成期，大致经历了高、周、秦、汉四个朝代。

最早见于文字记载的园林形式是"囿"，园林中的主要建筑物是"台"，中国古典园林的雏形产生于囿与台的结合。早期的帝王苑囿是利用天然山水，挖池筑台而成的生活境遇；地域庞大，其中有许多野生动物和各种珍奇植物，其功能以狩猎、通神、求仙和生产为主。如秦咸阳兰池宫、阿房宫，汉上林苑、建章宫等（图1-22）。

春秋时期开始在苑囿中人工叠山，秦始皇和汉武帝分别在兰池宫和建章宫中修筑水池并建岛以模拟海外仙山，从此模拟仙境成为中国古典园林的重要题材，这也表明中国古代园林已经开始从原始的自然状态向理想的自然状态过渡。

这一时期的园林，以皇家苑囿为主，规模很大，但是属于圈地的性质。秦、汉时尽管也出现过人工开池、堆山活动，但是园林的主旨、意境还是很淡漠。

1.2.1.2 转折期（前220—589年）

魏、晋、南北朝，是中国历史上最为动荡的时期，但也因此孕育了活跃而深刻的思想。在道学、玄学、佛学等思想的影响下，人们普遍产生了复归自然、寄情山水的倾向，奠定了支撑中国古典园林思想、哲学、文化的基础。这一时期中国士大夫文化全面发展，诗文、书法、绘画、音乐等各个领域都有前所未有的进步，中国古典园林与诗、书、画交相辉映的特点就是从这时开始的。

魏、晋、南北朝时的皇家园林比较分散，但这一时期的皇家苑囿数量并不少。比较著名的有曹

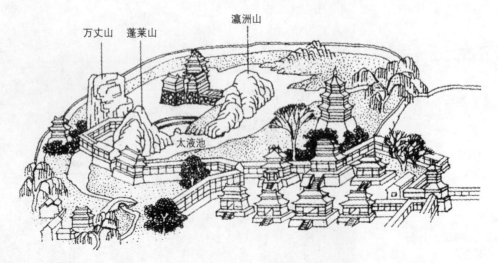

图1-22 建章宫

魏邺城的铜雀园、芳林苑；后赵的华林苑、桑梓园，后燕的龙腾苑，北魏的华林苑、西游园等。这些园林依然追求秦汉壮丽的风格和仙岛的格局，但规模较秦汉时期的皇家园林要小得多，其规划设计更趋于精密细致，把园林主要当做观赏艺术来对待，逐步取消了狩猎、生产方面的内容。

魏、晋、南北朝时期兴起的山水诗和田园诗及日后成为中国画坛主流的山水画是这一时期最大的文化成就。官僚士大夫、文人非常重视园居生活，纷纷造园寄托意境，私家园林开始兴盛起来。私家园林可分为城市私园和郊外别墅园，《洛阳伽蓝记》中有对北魏首都洛阳城内多处私家园林的记载与描述，西晋石崇的金谷园是北方郊外别墅园的代表。这时的私家园林表现出设计精致化、规模小型化的特点。并对皇家园林产生影响。

此外，风景区园林和寺观园林等新的园林类型出现。当时文人名流经常聚会于郊外风景区的"亭"饮酒作诗，最著名的是王羲之《兰亭集序》中记载的兰亭。亭在汉代是驿站建筑，也相当于几层的行政机构，到了两晋时候演变成为风景建筑，这成为后来公共风景区园林的一个开始。由于佛教、道教盛行，南北朝时期的附属于寺、观的园林大量出现，成为古典园林中新的类型。

这一时期的园林已经从模拟神仙境界转化为世俗题材的创作，更多地以人间的现实取代仙境的虚幻，把自然式风景山水缩写于园林中。园林已经是精心选择和构思的成果，从早期近于纯自然的状态向提炼、抽象自然的方向发展，更重视写意而非写实。

1.2.1.3 全盛期（589—960年）

隋、唐、宋是园林的全盛期。历时近800年，以唐为代表，使中国古典园林空前兴盛和丰富，进入了一个前所未有的新时代。唐朝的雕塑、音乐、舞蹈、绘画、文学艺术等都发展到了极盛期。山水画、山水诗文、山水园林三个艺术门类已经有相互渗透的迹象，人们对大自然风景的构景规律和自然美有了更深层次的认识和把握。中国古典园林的"诗情画意"特点形成，"园林意境"已处于萌芽发展期。这一时期基本形成了完整的中国古典园林体系，并开始影响朝鲜、日本等周边国家。发展至宋代，在两宋特定的历史条件和文化背景下，进入了中国古典园林的全盛期。

唐、宋时期皇家园林建造数量之多，规模之宏大，远远超过魏、晋、南北朝时期，形成了"皇家气派"的皇家园林风格。出现了如禁苑（图1-23）、西苑、大明宫、华清宫、九成宫等这样一些具有划时代意义的作品。而宋徽宗参与创作的艮岳，则被认为是具有人文气质和诗情画意而较少皇家气派的园林，代表了宋代皇家园林的最高水平。

唐宋时期文人参与造园，使私家园林艺术性大为提高。私家园林造园，着意于刻画园林景物的典型性格以及局部、小品的细致处理，赋予园林以诗情画意。如王维的山墅庄园辋川别业、

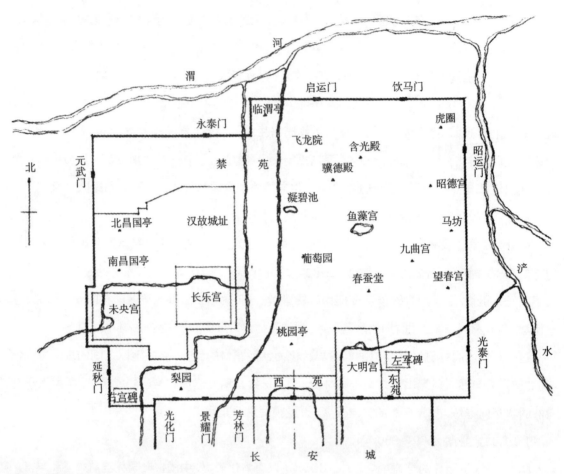

图1-23　禁苑

白居易的庐山草堂、李得裕的平泉山庄、裴度的绿野唐等都是唐代著名的私家园林。

除了皇家和私家园林之外，寺观、公共园林也大量涌现，园林的类型得到进一步发展。杭州西湖从唐朝发展到宋朝已经成为天下闻名的公共风景游览区。

1.2.1.4　成熟期（960—1736年）

明、清时期是中国古典园林发展的成熟期。自明中叶到清末历时近500年。这个时期积淀深厚的中国古典园林造园艺术得到综合运用，名园迭起、名家辈出，是中国古典园林的集大成的时代。

明、清两代建造了规模宏大的皇家园林，特别是清代可以说是继秦汉、隋唐之后第三次皇家园林建设高峰。皇家园林多与离宫相结合，建于郊外，少数设在城内，规模都很宏大，其总体布局有的是在自然山水的基础上加以改造，如明代皇家园林，在太液池的基础上向南扩充一块水域，形成北海、中海、南海三海并置的局面；有的则是靠人工开凿兴建，建筑宏伟浑厚、色彩丰富、豪华富丽。如

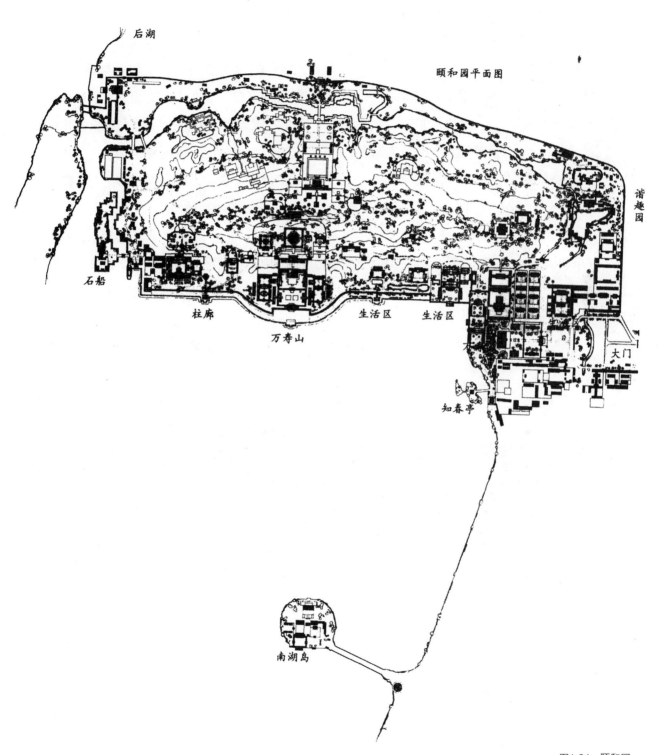

后湖

颐和园平面图

谐趣园

石船

柱廊

生活区　生活区

大门

万寿山

知春亭

南湖岛

图1-24　颐和园

圆明园、颐和园（图1-24）、承德避暑山庄都是清代皇家园林的顶峰之作。

　　私家园林的建造在明、清时期盛极一时。封建士大夫为了满足家居生活需要，在城市中大量建造以山水为骨干、饶有山林之趣的宅院，以满足日常聚会、游憩、宴客、居住等需要。这些封建大夫的私家园林，多建在城市之中或近郊，与住宅相连，在不大的面积内，追求空间艺术的变化，风格素雅精巧，达到平中求趣、拙间取华的意境，满足以欣赏为主的要求。如苏州的拙政园（图1-25）；网师园（图1-26）不大而紧凑、不深而有层次；留园（图1-27）的空间组合与联系十分巧妙，使不同大小、明暗、开合的空间交叉对比，相互衬托，景色富于变化和层次；无锡寄畅园；扬州个园（图1-28）以春、夏、秋、冬四季假山著称。这些都是难得的佳作。

　　明、清时期造园理论也有了重要发展，明代计成的造园专著《园冶》，全面系统地阐述了中国园林从房屋建筑到门窗、墙垣、地面规划、设计，以及选石、堆山诸多方面的理论与实践，提出了"因地制宜""虽由人作，宛若天开"等主张和造园手法，为我国造园艺术提供了理论基础。

　　明、清时期是古典园林的辉煌期，出现了众多经典之作，其筑建手法已相当成熟。模拟自然

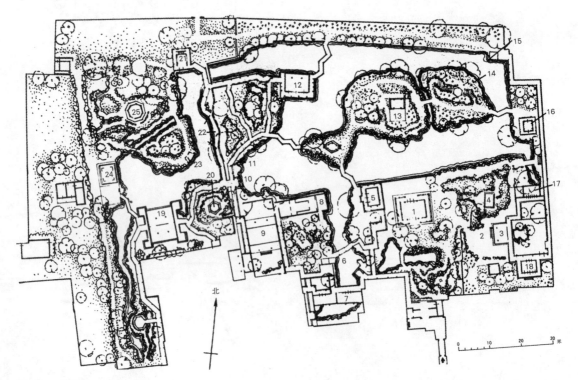

图1-25　拙政园

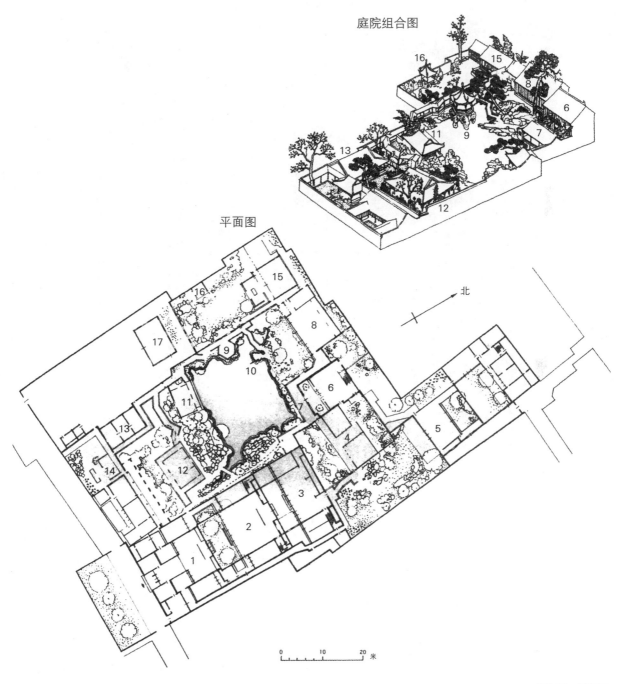

庭院组合图

平面图

北

0 10 20 米

图1-26 网师园

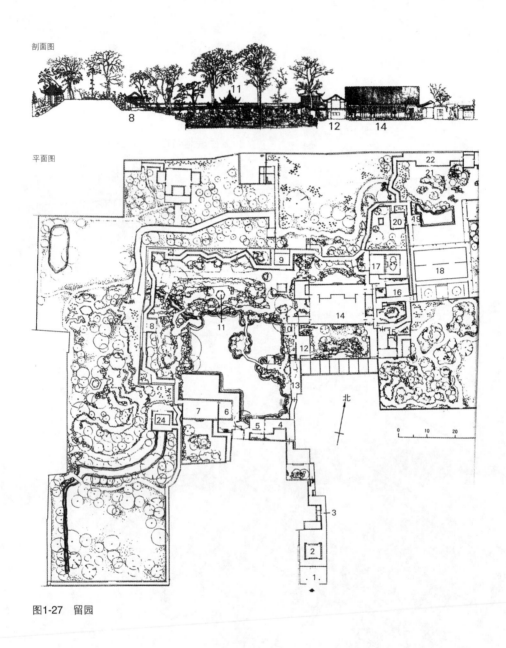

剖面图

平面图

图1-27　留园

的营造手法发展到了极致，同时中国古典园林也在某种程度上走向了极端的"非自然化"。

1.2.2　西方古典园林的发展与特点❾

　　西方古典园林主要指旧约的圣经时代至18世纪英国自然式风景园林时期的园林，主要包括有古代园林（古埃及、古希腊、古罗马等时期）、中世纪园林、14世纪文艺复兴时期意大利园林、

❾　本小节内容主要在王向荣、林箐《西方现代景观设计的理论与实践》的基础上加以归纳整理.

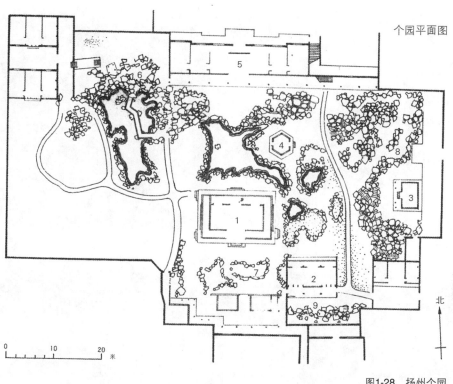

个园平面图

北

图1-28 扬州个园

17世纪法国古典主义园林及18世纪英国自然风景园林。

在宗教、哲学、美学的影响下西方人把美建立在"唯理"的基础上，认为应当制定一些可靠的、系统的、能够严格地确定艺术美的规则和标准。西方人把"黄金分割""比例关系"等概念引入园林规划中，因此西方园林体现出崇尚人工美、形式美、重视秩序的特点；空间布局均衡对称、规则严谨，往往有明确的轴线引导；多以大理石、花岗石等石材进行堆砌雕刻，整形花木按几何规律排列整齐，追求几何式的图案美。

1.2.2.1 西方古代园林

西方古代园林大致经历了古埃及、古希腊、古罗马三个重要时期。这一阶段是规则式园林的发展阶段，主要特点是在建筑物为主的人工环境中，以人工化的手法布置花草树木和水景，强调人工化的"自然"景观与人工环境的协调。此阶段的园林绝大多数是建筑延伸和扩大的附属性内容。

（1）古埃及园林

古埃及地处沙漠地带，由于气候炎热、干旱缺水，所以十分珍视水的作用和树木的遮挡。古埃及的园林一般为方形，并且有明显的中轴线，四周有围墙，园内成排种植庭荫树，园子中心一

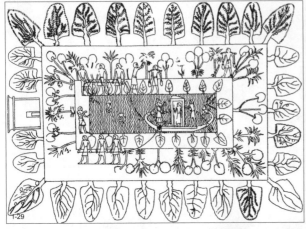

图1-29　园林派科玛拉
图1-30　古希腊神庙
图1-31　意大利罗马哈良得离宫
图1-32　阿尔罕布拉宫
图1-33　灌溉水渠园

般是矩形水池，可供养殖、种植、灌溉，池边设有凉亭。其园林类型大致有宅园、圣苑、墓园三种类型。例如古埃及园林派科玛拉（Pekhmara）平面（图1-29）。

（2）古希腊园林

古希腊园林的主要类型有宅园、圣林、竞技场等。宅园多四周环以柱廊式，中央设有水池、雕像、植物等元素规则布局，形成简洁实用的柱廊院，这种园林形式为以后的柱廊式园林的发展打下了基础。神庙附近的圣林、竞技场种植的观赏植物，与自然很好地结合在一起，为人们提供了良好的公共活动环境。例如位于德尔法（Delphi）的古希腊神庙（图1-30）。

（3）古罗马园林

古罗马园林有庄园、宅园等类型。为了夏季避暑，这些别墅庄园大都修建在环境优美的山坡或者海岸地带，居高临下可俯瞰周围的原野。庄园内的花园呈规则式布局，这些特点也为15~16世纪意大利文艺复兴园林奠定了基础。意大利罗马哈良得离宫（图1-31），园中一系列带有柱廊的建筑围绕着庭院，庭院相对独立，水是造园的重要因素。

1.2.2.2　中世纪园林

公元500年，欧洲进入了近1000年的中世纪，在整个中世纪里，欧洲几乎没有大规模的园林建造活动，花园只能在城堡或教堂及修道院庭院中得到维持。公元8世纪，阿拉伯人征服西班牙后，为比利牛斯半岛带来了伊斯兰文化，结合欧洲大陆的基督教文化，形成了西班牙特有的园林风格。如阿尔罕布拉宫将伊斯兰式的"天堂"花园和希腊罗马式中庭结合起来，创造出西班牙式的伊斯兰园（图1-32、图1-33）。

1.2.2.3　文艺复兴时期意大利园林

15世纪初叶，随着文艺复兴运动的兴起，欧洲园林进入了一个空前繁荣发展的阶段。意大利是个多山的国家，夏季在谷底和平原上非常闷热，而在山丘上则能感受到凉爽的清风，因此贵族的别墅园林多选址在郊外风景秀美的丘陵山坡之上。园林多顺应地形分成几层台地，从而逐渐形成了独具意大利特色的"台地园"。台地园仍属于规则式园林，成熟期的台地园一般为轴线对称布局，别墅建筑位于轴线之上，并且一般处于台地高处，视野开阔，得以俯视整个园林。园林中的层层台地分别配置平台、花坛、水池、喷泉和雕塑，各层台地之间以台阶或坡道相联系，两旁规则种植树木，园林的外围是树木茂密的林园，成为与自然环境的良好过渡（图1-34）。

文艺复兴园林在16世纪下半叶表现出许多巴洛克艺术的趣味，园林追求活泼的线形、戏剧性和透视效果（图1-35）。

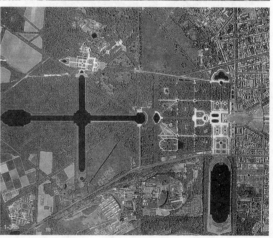

图1-34　意大利文艺复兴花园
图1-35　意大利巴洛克花园
图1-36　法国古典主义园林

1.2.2.4 法国古典主义园林

法国古典主义园林又称勒·诺特式园林，它将西方的规则式园林艺术推上了一个不可逾越的高峰。勒·诺特的造园保留了意大利文艺复兴庄园的一些要素，如轴线、修剪植物、喷水、瀑布等，又以一种新的更开朗、更华丽、更宏伟、更对称的方式在法国重新组合，创造了一种更显高贵的园林（图1-36）。法国古典主义园林的特点：

① 规模宏大；

② 体现了无限中轴线秩序，空间中轴线形成"路径"，在中轴空间中除了府邸建筑，一切都

是附属的，花坛、喷泉、种植、雕塑、水镜面都在加强中轴空间的秩序感受；

③ 典雅的造园风格，具有庄重典雅、简洁明快的效果；

④ 运河强化了轴线，同时有利于蓄水排水，成为园林中最为壮观的部分；

⑤ 水壕沟源于中世纪庄园防御目的的城堡建筑形制，逐渐演变成为法国古典主义园林理水的一种特征；

⑥ 经过修剪的乔木界定强化轴线空间；

⑦ 花坛是法国园林中最为重要的构成要素之一，勒·诺特以整个花园为构图框架，按图案布置"刺绣花坛"，形成与宏伟宫殿相匹配的气魄。

1.2.2.5　英国自然风景园

英国是海洋包围的岛国，气候潮湿，国土基本平坦或缓丘地带。其地理条件得天独厚，民族传统观念较稳固，有其自己的审美传统与兴趣、观念，尤其对大自然的热爱与追求，形成了英国独特的园林风格。

18世纪，绘画与文学两种艺术中热衷自然的倾向影响英国的造园，加之中国园林文化的影响，英国出现了自然风景园。英国自然风景园一反意大利文艺复兴园林和法国巴洛克园林传统，抛弃了轴线、对称、修剪植物、花坛、水渠、喷泉等所有被认为是直线的或不自然的东西，以起伏开阔的草地、自然曲折的湖岸、成片成丛自然生长的树木为要素建成了一种新的园林。自然风景园不再是建筑与自然环境间的过渡，而是直接将自然引入园林，直接与建筑进行衔接，体现了人工环境遵从自然美的观念。例如斯图瑞德公园（Stourhead Park）的阿波罗神庙（图1-37）。

1.2.3　现代景观建筑的发展

18世纪是西方园林发生巨大变革的时期，尤其是风景式园林的出现和城市公园的兴起使园林摆脱了刻板的模式，变得丰富而充满活力，然而从艺术形式上看，它并没有特别的创新，主要是"如画的"模式和兼收并蓄的折中主义混杂风格。导致西方现代景观开始萌芽的是新艺术运动及其引发的现代主义浪潮。

1.2.3.1　工艺美术运动与新艺术运动

新艺术运动是19世纪末20世纪初在欧洲发生的一次大众化的艺术实践活动，它的起因是受英国"工艺美术运动"的影响，反对传统模式，强调自然风格的装饰，但与工艺美术运动不同

图1-37　阿波罗神庙

的是它并不排斥工业化大生产，而是试图创造与工业时代相应的简化形式。新艺术运动是一场艺术实践活动而不是一种风格，在欧洲各国有不同的表现。新艺术运动中的园林也没有固定的风格，既有追求自然曲线形的自然式也有追求直线几何形的规则式，但共同特点都是希望通过装饰的手段创造出一种设计风格。西班牙建筑师高迪设计的居尔公园，是这一时期的代表作品（图1-38）。

1.2.3.2　现代建筑运动的影响

第一次世界大战后建筑行业空前发展，虽然这时的景观设计并没有引起社会的广泛关注，但一些建筑流派和设计师的理念都深深影响到了现代景观建筑设计的发展。

德国的包豪斯学校的第一任校长——现代主义建筑大师格罗皮乌斯曾说："房子在建造之前，场地就应该经过设计，要提前做花园、墙和栅栏，视建筑与环境为一体。"在他的一些花园设计图中，可以看到他的设计重视功能，没有过多无用的装饰，没有轴线，没有对称。与他的建筑设计思想具有高度的统一性（图1-39）。

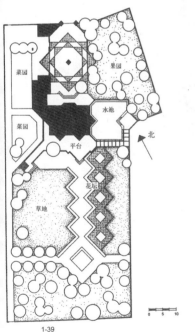

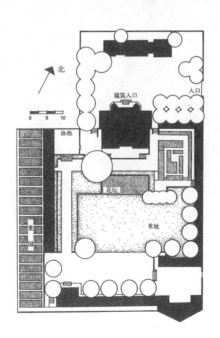

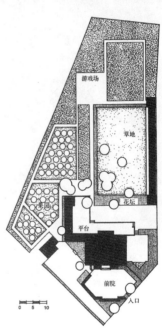

图1-38 居尔公园
图1-39 格罗皮乌斯的花园设计图

　　勒·柯布西耶在1926年提出了新建筑的五个特点：底层架空、屋顶花园、自由平面、水平向长窗、自由立面的。在他1929—1931年设计的萨伏伊别墅中体现了这些特点；底层架空，使得地

图1-40　萨伏伊别墅

形得以在建筑下自然延续；屋顶花园成为起居室空间的户外延伸，有草地、花池和使用空间；别墅还利用框景将周围的风光引入屋顶花园，从中体现出建筑师的景观处理手法与重视程度（图1-40）。

　　弗兰克·劳埃德·赖特提出"有机建筑"理论，认为一栋建筑除了在它所在的地点之外，不能设想放在任何别的地方。它是那个环境的一个优美部分，它给环境增加光彩，而不是损坏它。其代表作"流水别墅"将建筑用地所具备的各种条件（有魅力却同时也构成限制），巧妙地结合

图1-41　赖特作品　　　　　　　　　　　　　　　　　　　　　　图1-42　巴塞罗那博览会德国馆

在建筑上，把建筑物自身所构成的水平线与垂直线的新秩序，以刚刚好的尺寸，嵌在那由水平线（溪流的水面）和垂直线（流落的瀑布）所支配的风景中。成为赖特所有建筑中与大自然关系最深的一栋。赖特作品注重与环境的结合，给了景观建筑师以很大的启发（图1-41）。

密斯·凡·德·罗在1929年为巴塞罗那博览会设计的德国馆，摒弃了古典主义的繁琐，用简洁而精确的现代设计语言来创造室内、室外景观空间和意境，这种设计风格对后世的景观建筑设计产生了巨大的影响（图1-42）。

现代建筑的重要奠基人之一——芬兰建筑师阿尔瓦·阿尔托，是人情化建筑理论的倡导者，他强调有机形态和功能主义，在建筑设计中善于结合自然地形，利用地形；形式和空间塑造上常采用曲线、曲面和灵活布局的手法，使建筑与环境相得益彰；运用地方传统材料，强调建筑形式与人的心理感受关系，体现了建筑的人情味（图1-43）。

1.2.3.3　巴黎"国际现代工艺美术展"

1925年法国巴黎举办的"国际现代工艺美术展"上的设计作品在对新材料、新技术的使用

图1-43 阿尔瓦·阿尔托的设计之一
图1-44 "光与水的花园"
图1-45 混凝土塑造的"树"
图1-46 "本特利树林"住宅花园露台

上，显示了设计师们大胆的想象，对现代景观建筑设计领域思想的转变和事业的发展起到了重要的推动作用。图1-44，"光与水的花园"表达了规则式园林的新发展；图1-45用混凝土塑造的"树"，既新鲜，又有趣。

1.2.3.4 现代景观建筑的发展

1938年，英国的唐纳德完成的《现代景观中的园林》(*Gardens in the Modern Landscape*)一书，从理论角度探讨了在现代环境下景观设计的方法。他提出现代景观设计三个相互关联的方法：功能(functional)、移情(empathic)、艺术(artistic)。他认为功能是现代景观设计最基本的要素，也是三个方面的首要要素。他的理论强化了现代景观与传统园林的本质区别，将满足人们的理性需求如休息和消遣提升到景观设计的重要层次，追求建筑与景观的和谐(图1-46)。"本特利树林"住宅花园露台设计，显示了唐纳德的现代景观设计三方面的直接和精美表达。

从1950年开始，景观建筑的领域已经变化，小尺度的私家园林已经不是主要的设计方面，更多的是公园、植物园、居住区、城市开放空间、公司和大学园区及自然保护工程等设计。第二次世界大战结束后，美国的现代景观建筑设计迎来了第二个时期。城市人口的增加、开放空间的匮乏极大地刺激了景观建筑设计的发展，各种广场和市政公共设施得以大量兴建。

德国在近现代以前没有自己的园林设计，第二次世界大战后，通过举办联邦园林展的形式建造了大量城市公园，实现了该国真正意义上的现代景观建筑设计发展。图1-47，1997年格尔森基尔欣园林展展园——Nordstem公园。20世纪50年代，德国的园林设计还只是着眼于景观的质量，游人与景观还是观赏与被观赏的关系，到了20世纪60年代末70年代初，人们开始注重以休闲娱乐为主的活动，休闲娱乐成为公园的主要功能。20世纪70年代以后，生态环境保护的思想开始引入到德国现代景观建筑设计中，自然生态环境的保留、噪声的防止，以及20世纪90年代废弃工厂的改造都是从生态环境保护的角度出发进而完成的。图1-48，杜伊斯堡风景公园中炉渣铺装的林荫广场，杜伊斯堡风景公园中由高架铁路改造的步行系统。

从上述景观建筑的发展历程，可以看出景观建筑设计，是随着时代的进步而不断发展的。农耕文明时期，景观建筑及其环境多是以少数人的欣赏为目的，不具备公众观赏性，出现了以再现景观美为宗旨的景观风格的空间差异和不同的审美标准，包括西方景观环境的形式美和中国景观环境的诗情画意。但不论两者差异如何，都是以唯美为特征的。工业文明兴起以后，景观建筑的作用是为人类创造一个身心再生的环境，城市公园和国家公园成为公民平等享受自然环境的户外空间，与农耕文明时期相比，更加强调大众性和开放性。21世纪，人类正处在从工业文明

图1-47 Nordstem公园
图1-48 杜伊斯堡风景公园

向生态文明的转型时期，景观建筑的设计内涵和外延也得到了进一步深化和发展，将有潜力成为21世纪甚至更长时间内的领导性学科之一。

1.3 景观建筑教育

1.3.1 西方景观建筑教育发展

1900年，美国哈佛大学设立了世界上第一个景观建筑学（Landscape Architecture），并首创了4年制的景观建筑学专业学士学位，景观建筑成为既独立于建筑、也独立于园艺之外的专门知识体系和专业训练，景观建筑学逐渐成为一门新兴的独立学科。1919年，挪威建立了欧洲第一个景观建筑学专业。1929年，英国成立了景观学院。

1969年，宾夕法尼亚大学景观规划设计和区域规划学教授麦克哈格（Ian Lennox McHarg）出版了《设计结合自然》（*Design with Nature*）一书，在西方学术界引起了很大轰动。这本书运用生态学原理，从宏观和微观研究自然环境与人的关系，提出适应自然的特征来创造人的生存环境的可能性与必要性；阐述了自然演进过程，证明了人对大自然的依存关系，批判以人为中心的思想；对东、西方哲学、宗教和美学等文化进行了比较，揭示了差别的根源；提出土地利用的准则，阐明了综合社会、经济和物质环境诸要素的方法；指出城市和建筑等人造物的评价与创造，应以"适应"为准则。在书中，麦克哈格的视线跨越整个原野，他的注意力集中在大尺度景观和环境规划上。他将整个景观作为一个生态系统，在这个系统中，地理学、地形学、地下水层、土地利用、气候、植物、野生动物都是重要的要素；他运用地图叠加技术，把对各个要素的单独的分析综合成整个景观规划依据，麦克哈格的理论将景观设计提到了一个科学的高度。

1.3.2 中国景观建筑教育发展

相对西方国家而言，中国的景观建筑专业发展较晚，1951年，清华大学与原北京农业大学联合设立"造园组"，标志了我国现代景观建筑教育的开始。20世纪60年代初，由北京林业大学园艺系创办了景观专业，同济大学也于同期按国际景观建筑学专业模式在城市规划专业中开设了名为"风景景园规划设计"的专业方向，继之又有许多院校分别在工、农、理3个门类的5个一级学科（工科门类建筑学、土木工程，农学门类林学、园艺学，理学门类地理学）下设置10多个二级学科，如建筑学下的二级学科景观建筑学、建筑环境艺术、景观规划与设计；土木工程下的二级学科景观工程、工程景观学；地理学下的二级学科景观设计学；农学门类林学下二级学科森林游憩与公园管理；农学门类园艺学下二级学科园艺环境工程、观赏园艺、花卉学、景观园艺学等，这些学科基本属性是明确的，但由于缺乏一级学科平台和框架，难以根据行业现实需求和发展趋势系统构建学科高等教育和继续教育体系，且名称混杂重叠，令社会、学生、家长甚至业内人士都感到困惑。

2011年3月8日，国务院学位委员会、教育部公布《学位授予和人才培养学科目录（2011年）》。"风景园林学"新增为国家一级学科，一级学科的设置，对统一学科名称，规范学科领域，整合人才队伍，形成行业的共识起到了积极作用，同时也表明我国风景园林教育事业与风景园林事业的发展进入了一个新的阶段。

1.3.3 景观建筑教育特点

为更好适应21世纪环境建设、保护与发展的形势，景观建筑（风景园林）专业教育显得非常重要。纵观国际景观建筑学教育及发展有以下五个特点：

① 边缘性。景观建筑学是在自然和人工两大范畴边缘诞生的，因此，它的专业知识范畴也处于众多自然科学和社会科学的边缘。例如，建筑学、城乡规划、地学、生态学、环境科学、园艺学、林学、旅游学、社会学、心理学、文学、艺术、测绘、计算机技术等。

② 开放性。景观建筑学专业教育不仅向建筑学和城乡规划人士开放，也向其他具备自然科学背景或社会学背景的人士开放，持各种专业背景的人都有机会基于各自的专长从事景观建筑学的工程实践。没有固定的模式和专业界限，体现了景观建筑学的开放性。

③ 综合性。多方面人士的参与导致了学科专业的综合性。景观建筑学专业教育培养的是综合应用多学科专业知识的全才。

④ 完整性。景观建筑学专业教育横跨自然科学和人文科学两大方向，包括了从建设工程技术、资源环境规划、经济政策、法律、管理到心理行为、文化、历史、社会习俗等完整的教育内容。

⑤ 体系性。多学科知识关系并不芜杂凌乱，基本都统一在"环境规划设计"这一总纲之下，不同研究方向只是手段和角度不同而已。景观建筑学体系与建筑学、城乡规划学科在实践上并不是截然分开的，而且在理论上也有很多相似之处，但又各自有独立的学科研究领域。相比较而言，建筑学从广义来说是研究建筑及其环境的学科，主要是综合运用科学技术、艺术和人文

等相关学科知识构建人们的生活工作居住空间，设计具有特定功能的建筑物，尽管也涉及部分环境空间，但它更强调的是墙柱等物质要素构成的内部空间和外部形态；城乡规划更关注社会经济和城市总体发展，研究并确定城市性质、规模和发展方向，注重在协调城市的现实与发展目标基础上科学、合理地规划城市的物质空间布局和各项建设的综合布置和具体安排，并从宏观政策上控制、指导和管理规划的实施；景观建筑学更关注于安排土地以及土地上的各种物质要素和空间，并对大面积的土地利用和生态、生物等多学科问题进行广泛研究。其共同目标都是通过对空间进行分析和处理，完善人与环境的关系，创造和谐的人类生存环境。

本章小结

　　景观建筑在空间环境中具有景观与观景的双重性，其作为连接人与自然、物质与精神、城市与乡村、技术与艺术的学科，如何为人类文明、生态（自然）保护和人居环境建设做出创造性的方案，是从事景观建筑设计专业人员面临的机遇与挑战。

推荐阅读：

1. 王向荣, 林箐. 2002. 西方现代景观设计的理论与实践［M］.北京: 中国建筑工业出版社.
2. 查尔斯·莫尔, 威廉·米歇尔, 威廉·图布尔. 2012. 看风景［M］. 李斯, 译. 哈尔滨: 北方文艺出版社.

02

THE MAIN FACTOR WHICH IS
AFFECTING THE LANDSCAPE
ARCHITECTURE
影响景观建筑构成的主要因素

景观建筑有着与环境、文化结合紧密等诸多特征,由于其设计制约因素杂而广泛,因此,需了解丰富的多方面知识结构,以综合运用于景观建筑设计之中。

2.1　自然因素

2.1.1　气候[1]

气候是指某地或某地区多年的平均天气状况及其变化特征,这些特征随纬度、经度、海拔、日照强度、植被条件、气流、水体等影响因素的变化而变化。气候条件对于景观设计有着重要影响。营造宜人的生活环境,首先要了解当地的气候条件,包括太阳辐射、风象、温度、湿度、降水等,针对具体的气候特征展开设计。

2.1.1.1　气候与建筑

人类最适宜的理想气候是:洁净的空气、10~27℃的气温、40%~75%的湿度、空气既不能停滞沉闷也不能大风肆虐,并且要避免受降水的侵袭。为获得舒适健康的居住环境,在景观建筑设计中要采取能够抵消气候中的部分不利因素的措施。例如,在炎热潮湿的地带,温度高且相对连续、湿度大、降水量大,该地区的建筑一般底层架空,二层设有开敞的外廊和很深的遮阳,这样,既可以使微风在建筑结构上下及内部空间流通,又有防雨的功效(图2-1)。在炎热且

图2-1　云南西双版纳的傣族民居　　　　　　　　　图2-2　希腊米克诺斯岛的街道

[1]　这部分内容根据《景观设计学概论》第10章归纳整理.

图2-3   云南省香格里拉藏居建筑

阳光充足的地方，隔热与阴凉是首要考虑的因素。希腊米克诺斯岛的街道很窄可以防止太阳光照射进去（图2-2）。而在夏季暖热冬季寒冷气候温度变化多样的寒温带，为保持居住的舒适感，用厚墙壁阻隔低温。云南省香格里拉藏居建筑，窗檐错落2~3层，檐下形成的斜坡使夏日光影只能照射到窗台，室内处于绝对的阴影之中，给人带来凉爽的环境；而冬日则光照洒满全屋，给人带来温暖（图2-3）。

2.1.1.2 太阳和影子

太阳大概是最恒定的气候元素。除非阴天，否则太阳永远挂在天空，它的影响及四季变化都是可预测的。随着纬度和季节的不同，太阳所带来的影响也变化多端，这一点也导致了太阳光的强度和光照射地球角度的变化。

一天中随着太阳的移动，影子的位置和大小也在变化，影子的轮廓在一天及一年当中也呈现出不同的形状（图2-4），户外空间的用途也和这些影子的形状有关。

2.1.1.3 风力

除温度和降水之外，风力是气候中另一个最重要的因素。空气流动和风力会受到建筑物的影响，美国德克萨斯州农业和机械学院（Agricultural and Mechanical College of Texas）进行了一系列的风洞测试，针对风的流动与单独建筑物的关系以及建筑物的挡风程度提出了一些基本概念（图2-5）。从图2-5中我们可以看出：建筑物的挡风程度与建筑的长度、高度成正比，即建筑物越长、越高，挡风区域越大。建筑物的宽度几乎不影响挡风程度。屋顶的倾斜度影响建筑物

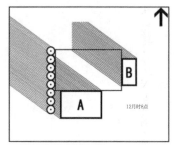

12月时8点，影子的投射平面图

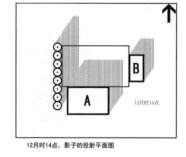

12月时14点，影子的投射平面图

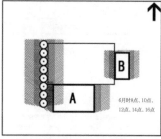

6月份白天投影的组合图表明全天在全日照的条件下有很多开放空间

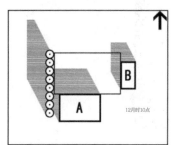

12月时10点，影子的投射平面图

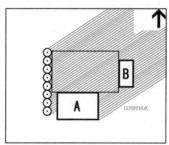

12月时16点，影子的投射平面图

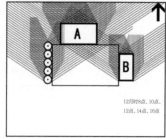

当建筑物A移到开放空间的北侧，即使在12月份，仍然有相当一部分在白天是处于全日照下的

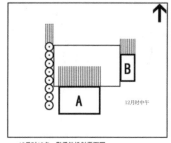

12月时12点，影子的投射平面图

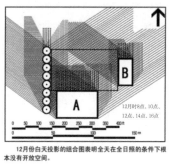

12月份白天投影的组合图表明全天在全日照的条件下根本没有开放空间。

图2-4　太阳和影子

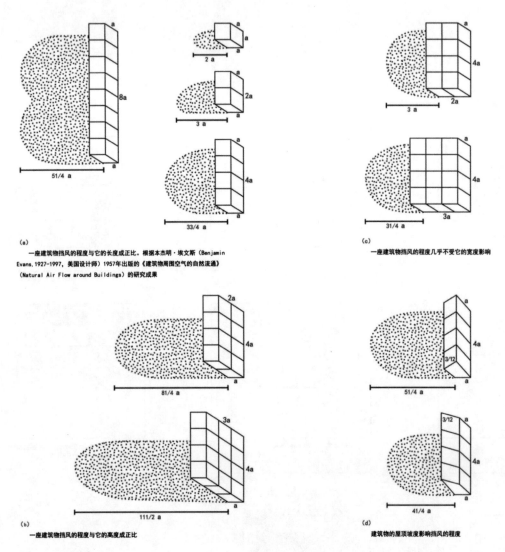

(a)

一座建筑物挡风的程度与它的长度成正比。根据本杰明·埃文斯（Benjamin Evans, 1927—1997, 美国设计师）1957年出版的《建筑物周围空气的自然流通》(Natural Air Flow around Buildings) 的研究成果

(c)

一座建筑物挡风的程度几乎不受它的宽度影响

(b)

一座建筑物挡风的程度与它的高度成正比

(d)

建筑物的屋顶坡度影响挡风的程度

图2-5   风洞测试

的挡风效果，所以建筑物的外形与形式会对周围微气候的形成因素有明显的影响，进而影响毗邻区域的使用规划、设计与建造。

虽然整体气候是不能改变的，但某一特定区域的气候可能会受到设计的影响而改变。例如，在炎热地区，建筑选址顺应夏季主导风向布置，可降低室温，提供令人愉悦的环境。

2.1.2 地形

地形是景观建筑设计最基本的场地特征。"地形"是"地貌"的近义词，意思是地球表面三度空间的高低起伏变化。即地形就是地表的外观。根据规模不同可分为大地形、小地形、微地形。"大地形"主要指自然界的平原、草原、丘陵、高山、盆地等；"小地形"涉及的范围相对较小，如平地、土丘、台地、斜坡、台阶等小尺度范围内的地平面变化；"微地形"起伏更小，如道路上铺地材质变化、沙丘上的起伏变化等。本部分内容所讨论的地形主要指景观建筑设计中的"小地形"。地形的类型可以根据坡度、地貌、地质构造等不同途径进行划分。

2.1.2.1　类型划分

① 按坡度划分地形，地形有平坡地、缓坡地、中坡地、陡坡地、急坡地、悬崖坡地等类型，地形坡度划分见表2-1。

表2-1　地形坡度划分表

地形类型	坡度（％）	布局特点
平坡地	3以下	建筑、道路布置不受地形坡度限制，可随意安排。坡度小于0.3％时，应注意排水组织
缓坡地	3~10	小于5％的缓坡地段，建筑宜平行等高线或与之斜交布置，若垂直等高线，其长度不宜超过30~50m，否则需结合地形做错层处理；非机动车道尽可能不垂直等高线布置，机动车道则可随意选线。地形起伏可使建筑及环境绿地景观丰富多彩
		5％~10％缓坡，建筑道路最好平行等高线布置或与之斜交。若遇与等高线垂直或大角度斜交，建筑需结合地形设计，做跌落、错层处理。垂直等高线的机动车道需限制其坡长
中坡地	10~25	建筑应结合地形设计，道路要平行或与等高线斜交迂回上坡。布置较大面积的平坦场地，填、挖土方量甚大。划分成若干台地的联系，需做台阶等处理
陡坡地	25~50	陡坡地用作建设项目用地，施工不便、费用大。建筑必须结合地形个别设计，不宜大规模开发，在山地建设用地紧张时仍可使用，处理好建筑、场地与等高线的关系，组织好建筑物内部的竖向联系
急坡地	50~100	急坡地通常不宜用于场地建设。建筑需要配合场地特点进行建筑设计，建筑处理要与场地工程设施（如护坡、排截水沟）统一考虑
悬崖坡地	100	不适于做建设用地

② 按地貌特征划分地形，地形可分为山脊、山谷、盆地、河谷、冲沟、悬崖、陡坎等类型。

山脊：山脊是常见的山地面貌状态，呈细长形状地貌，它的横断面为凸状面。山脊可以只有一个最高点，也可能有许多最高点，这些最高点之间形成马鞍形坡地。

山谷：山谷是由于山脊的凸起以致在山脊之间形成的细长形横断面为凹面的地貌。山脊的两边坡通常是山谷的侧壁，雨水及溪水在山谷中边汇合边向下坡方向流动。

盆地：四周高（山地或高原）、中部低（平原或丘陵）的盆状地形。

河谷：河水所流经的带状延伸的凹地。

冲沟：是由间断流水在地表冲刷形成的沟槽。冲沟切割土地，使之支离破碎，不易对土地进行利用。

悬崖: 高而陡的山崖。

陡坎: 是指各种天然和人工修筑的坡度在70°以上的陡峻地段。

③ 按地质构造划分, 根据场地土坚硬或密实程度可分为有利地段、不利地段、危险地段三种类型。

有利地段: 稳定的基岩、坚硬土或开阔平坦密实均匀的中硬土。

不利地段: 条状突出的山嘴、高耸孤立的山丘、非岩质的陡坡、河岸和边坡的边缘、故河道、断层破碎带等。

危险地段: 地震时可能发生滑坡、崩塌、地陷、泥石流等及发震断裂带上可能发生地表错位的部位等地段。

景观建筑在选择建设场地时, 应选择有利地段, 避开不利地段。以节约工程投资, 当无法避开时, 应采取有效的措施。

2.1.2.2 地形与景观建筑

在构成景观建筑空间的诸多元素中, 地形是其中最重要的因素之一。植物、园路、铺地、水体等其他元素均位于地形之上, 对场地的功能布局、道路的线性和走向、建筑的组合布局与形态以及各种工程建设等都以地形作为依托, 是构成景观空间的基本骨架和形态基础。许多著名的景观规划, 大都与其所在的地域特征密切结合, 通过精心设计, 形成该地域景观的艺术特色和个性。例如, 位于德宏傣族景颇族自治州首府芒市城区东南雷崖让山顶的勐焕大金塔, 建筑造型在尺度与动势上与自然山体景观默契, 丰富了自然景观中的人文景观, 让人、景、自然的交融更为紧密, 并为山体周围孔雀湖多处景观提供了良好借景条件, 成为德宏州的地标性建筑和芒

图2-6 雷崖让山顶的勐焕大金塔　　图2-7 净月潭森林公园内的高尔夫球场会所

图2-8　活跃的景观效果

市的城市名片（图2-6）。

　　一般来讲，平坡地地形起伏较缓，是所有地形里最简明、最稳定的，给人以舒适平静踏实的感受。平坡地适应性很广，能承载各种各样的活动需求，是景观建筑选址的最佳场地。由于平坡地限制条件少，增强了设计时对景观建筑空间操作的灵活性，利用这种特性既可以营造出平远辽阔的意境，又可以营造聚焦人们视线的重点景观意境。但是需要注意的是，这种坡度在一片区域延伸过大的话会显得单调。

　　缓坡地地形具有起伏感，适合多种形式的土地利用。例如，位于长春净月潭森林公园内被丛林隔开的南、北球场之间的一个缓坡上的高尔夫球场会所设计，依据地形南低北高，南侧朝向球场，北侧面向丛林的缓坡地形，将会所设置为南北向为主朝向，两翼沿东西向展开的折线型布局方式，这样的布置，从北侧看向会所，因折线型布局而自然形成了一个有一定围合感的入口广场，迎向从东、西两个方向到达会所的人流（图2-7）。

　　中坡地布置景观建筑，建筑一般错台布置，配合挡土墙、景观平台等元素即可形成活跃的景观效果（图2-8）。陡坡场地的景观建筑一般错层布置，设置梯级道解决人流通达室外各层空间。

　　坡度不仅在景观上影响着山地景观建筑，在某种程度上，它还是环境生态稳定性的主要因素。坡度越大，山地区域的地质稳定性越差，水土流失的可能性越大，容易引起崩塌、侵蚀、径流量增加等不良后果，因此，在山地景观建设中，开发密度的大小需依照坡度而定。例如，美国加州的Pacifica镇便按照坡度规定不同块地应有的比例留空，不许人为改动，以求尽量保持山地的原有地形。山地景观建筑处理手法与坡度的关系见表2-2。

表2-2 山地景观建筑处理手法与坡度关系

处理手法	与坡度关系	简图	说明及举例
提高勒脚			勒脚高度随地形坡度和房屋进深的大小而变化，左图为当勒脚控制在一定范围以内时，其地形坡度与房屋进深之间的变化关系。当勒脚的最大高度值H控制在0.9m以内，房屋进深为7.8m时，其适应坡限为12%；进深为10.8m时，适应坡限为9%；若最大值为1.2m，进深为7.8~10.8m时，其适应坡限为11%~16% 当采用局部提高勒脚的处理时，适应坡限可相应提高
筑台			筑台所采用的开挖方式不同，其经济效果也不同，关键为基础的埋置深度。一般来说，建筑基底宜尽量落在挖方上，左图为当H=0.8m时，建筑进深与地形坡度之间的变化关系。当建筑进深为7.8m时，基底半填半挖的适应坡限为21%；挖1/3、2/3的适应坡限分别为16%和30%。当建筑进深为10.8m时，基底半填半挖的适应坡限为15%；挖1/3、2/3的适应坡限分别为11%和22%
跌落			在建筑垂直或斜交等高线布置时，常采用跌落处理。跌落的剖面形状与地形坡度的吻合程度是影响经济性的主要因素。左图是将跌落高差的变化幅度限制在0.6~1.2m时的跌落间距和地形坡度之间的变化关系。当跌落开间（1~2开间）为3m和7m时，其适应坡限分别为20%~40%和9%~18%。当跌落单元长度为13.2m和18m时，其适应坡限分别为4%~9%和3%~6%
错层			错层对坡度的适应范围与错层高度H、进深b及竖向布置有关。如左图为一般错层高度在1.0~2.0m时的建筑进深与地形坡度之间的变化。当进深为9.6m时，错半层（1.5m）的适应坡度范围在15%~30%。进深为14.4m时，适应坡度范围在10%~20%。当错层高度在1.0~2.0m变化，进深为9.6m和14.4m时，其适应坡度范围分别在10%~41%和7%~27%
掉层			掉层对坡度的适应范围与掉层高度H、进深b及竖向布置有关。左图为当掉层高度在2.7~3.3m之间时的建筑进深与地形坡度之间的变化关系。当掉层高度为3m，进深为9.6m时，其适应坡度范围为31%~60%。当掉层高度为2.7~3.3m，进深为9.6m和13.2m时，其适应坡度范围分别为29%~70%和21%~52%。但当坡度大于45%时，易产生过高的室内堡坎

来源：《全国民用建筑工程设计技术 措施规划·建筑》（2003年版）：11

从上表我们可以看出，在山地上布置建筑物和构筑物时，地形的影响是非常明显的，由于高差的存在，山地建筑的接地形式，即解决用地和建筑之间相互适应的问题非常关键。根据建筑底面和山体地表的不同关系，山地景观建筑克服地形地障，获得使用空间的模式也会不同，在实际工程中，设计师应根据坡度的不同选择不同的接地形式，综合运用提、筑、跌、错、掉的接地处理手法，以减少山地景观建筑对山体地表的改动程度，保护山地生态环境，塑造出灵活、艺术的建筑形态，并使建筑自身的结构更为合理。

2.1.2.3　地形的作用

地形是景观设计的基础，其布局不仅直接影响着景观视觉效果，也影响了活动内容以及适用性等，同时也会对地面上的其他因素产生影响。因此，对地形的深刻理解与有效利用是景观建筑设计成功的关键。地形具有多方面的作用，主要表现在实用和美学两方面。下面我们着重对地形的实用功能加以阐述。

（1）引导、分隔空间

无论景观规模的大小，若缺乏有效的空间分割，全部景物一览无余地暴露于游人面前，不免会让人觉得索然无味。因此，将景观空间分隔成形体、大小高低变化的小空间，再将其合理地组织起来能使得景观空间更加有层次，能够加强景观的纵深感和趣味感。针对不同的景观可以用不同的元素对空间进行划分，若地形具有一定的高差，则是其中最经济、有效的手段之一。利用地形可以自然地划分空间，透过连绵起伏的地形，让人在体会步移景异的自然美景的过程中完成从一个空间到另一个空间的自然转换。例如，丹麦奥胡斯的莫斯格博物馆新馆设计（图2-9），坡屋顶随地势延伸，其上被青草、苔藓与鲜艳的花朵所覆盖，好像是从地面自然生长出来的（图2-10），一体化的结构好似景观的有机构成，融合自然与建筑，同时创造了一个开阔的室外休闲区。夏季，这里是进行野餐、烧烤、举办讲座和仲夏节的篝火晚会的天然场所。而在白雪皑皑的冬季，坡屋面屋顶则摇身一变为城市最佳的滑雪道，建筑如同一个鲜明的视觉地标被感知（图2-11）。

地形的引导和分隔应尽可能利用地形现状，若不具备这种条件，则需权衡经济和造景重要性后采取措施。

（2）控制视线

地形控制视线的功能主要表现在遮蔽视线和引导视线两方面。

① 遮蔽视线。遮蔽视线与分隔空间是相辅相成的两个方面，分隔空间往往就是通过对视线的

图2-9　丹麦奥胡斯的莫斯格博物馆新馆设计场地平面
图2-10　丹麦奥胡斯的莫斯格博物馆新馆设计远景
图2-11　丹麦奥胡斯的莫斯格博物馆屋顶随地势延伸

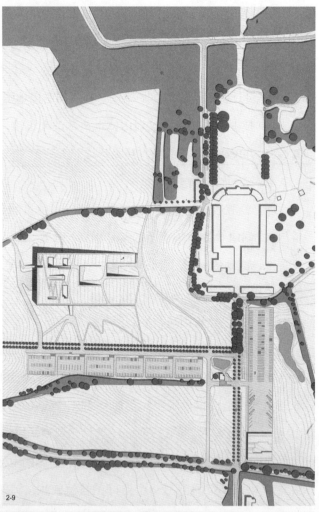

2-9

2-10

2-11

遮蔽来达到的。可以利用起伏的地形，将景物屏障，高度按人的平均视平线高度（170cm）考虑。

②引导视线。地形也可被用来"强调"或展现一个特殊目标或景物。大致有以下四种手法：a.将景物设置于地形高处，即使距离比较远也能被看到（图2-12）；b.将景物置于谷地可被在高处的视点一览无余（图2-13）；c.将景物置于坡面上，从位于对面的视点可以一览无余地欣赏到，坡度越大，越清晰（图2-14）；d.可利用地形将被强调景物旁边的物体遮掩，形成视线通道，将人的视线直接引向被强调景物。

（3）提供活动场地

丰富多彩的地形设计可以适合不同功能类型的景观，设计师在设计时应充分考虑使用者多种多样的活动需求，结合用地实际情况进行地形设计。

（4）引导人流

景观环境中人员的行走、车辆的运行都在一定的地形中完成，地形会影响人和车运动的方向、速度和节奏。道路与地形等高线相垂直时坡度最陡，而沿着等高线时坡度较平缓。一般来说，缓坡地形内的车行道可以依据场地功能自由布置；中坡地形场地内的车行道一般平行等高

图2-12 景物置于地形高处

图2-13   景物置于谷地   图2-14   景物置于坡面

线布置；陡坡场地内的车行道一般斜交于地形等高线。在景观设计中结合地形将人流路线设计的尽可能丰富，如意大利罗马西班牙广场阶梯设计，巴洛克风格的阶梯将平路、坡路、台阶以及休息平台有节奏地结合起来设置，串联起了不同标高的教堂与喷泉，形成了18世纪罗马最高雅和最复杂的城市景观（图2-15）。

（5）解决排水

解决场地排水是地形的又一个重要功能。地形过于平坦不利于排水，容易积水而破坏土壤稳定性，对建筑物、道路以及植物生长都不利。地形坡度过大又会使得地表径流过大，容易引起水土流失或滑坡。因此，在选择场地时，地形起伏适当，合理设置场地分水和汇水线，保证地形具有比较好的自然排水条件。

（6）改善小气候

地形是小气候形成的重要因素。坡向决定了太阳辐射量。在北半球，东南坡、南坡、西南坡为全日向阳坡；东坡、西坡为半日坡向；西北坡、北坡和东北坡为背阳坡。在抉择建筑和景观场地布局时，应充分考虑坡向对小气候的影响。地形对于通风的影响也很大，如山谷方向与季风方向一致的山谷会形成风道，通风良好；而与季风方向垂直的山谷，则会形成风影区。在景观设计

图2-15 巴洛克风格的阶梯

夜晚，低点A处的温度比坡顶低10°F左右，白天则正好相反。

水滨的土地能够享受到夏季凉爽的清风以及冬季温暖的气温。

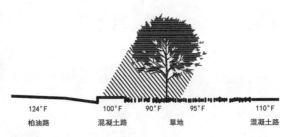

地表温度能够根据表面以及暴露程度的不同而变化。

图2-16 改善小气候

之初，应选择小气候良好的位置布置主要功能区。夜晚冷空气下降到最低点，夜间峡谷中的气温会比山坡低12.2℃，湿度则高出20％；当冷空气的自由流通被树木或建筑物阻挡，在高处可能形成霜穴。而白天正好相反，谷底比风吹的山脊温暖，而湿度更低。因此山脊和山谷地势凸显了温度的两个极端，谷底和霜穴地相对不适合居住（图2-16）。

2.1.2.4 地形设计原则

地形处理好坏直接影响景观空间的美学特征和人们的空间感受，以及空间的布局方式、景观效果、排水设施等要素。地形设计必须遵循一定的原则。

（1）因地制宜，适度改造原则

因地制宜在这里是指根据不同的地形特点进行有针对性地设计。充分利用原有地形地貌，考虑生态学的要求，营造符合生态环境的自然景观，减少对自然环境的破坏和干扰。例如，西班牙Hospes Palma酒店离海岸线有段距离，设计师将酒店设施以阶梯形式向海边延伸，保证客人能够纵览大海的波澜壮阔，坚固而又极具地方特色的干石墙营造出了一个别具一格的海滨酒店环境（图2-17）。

图2-17　Hospes Palma酒店
图2-18　圣费里游艇俱乐部

（2）整体性原则

　　某区域的景观地形是更大区域环境的一部分，地形具有连续性，它并不能脱离周边的环境，因此对于某场地的地形设计要考虑周边地形、建筑等环境的因素。地形只是景观中的一个要素，另外还有其他各种要素如水体、植物等，它们之间相互联系，彼此不可能孤立存在。因此每块地形处理都要考虑各种因素关系，既要保持排水、工程量及种植要求，又要考虑在视觉形态方面与周围环境融为一体，力求达到最佳的整体效果。例如、圣费里游艇俱乐部，设计利用天然岩石的壮美景观和岩石周围的石墙恢复该区域的"自然"状况，俱乐部上层平台位于地面标高10.7m，是一处平坦、干净、别致的景色所在，与场地地面形成6m的高差（两层楼高），设计师设计了一座将两个楼层一分为二的建筑，让新建筑融化在自然中。人们在俱乐部里，可以从西向纵览海港至圣费里小镇的壮丽全景，同时还可以欣赏到面朝大海的海滨大道后身的瑰丽岩石（图2-18）。

图2-18　圣费里游艇俱乐部

图2-19　Kimmel住宅花园　　　　　　　　　　图2-20　奥尔胡斯大学校园

（3）美观原则

地形不仅是景观建筑设计的基础，同时可以当做布局和视觉要素来使用。利用地形造景能够起到许多意想不到的效果。图2-19，Kimmel住宅花园建筑平台与外部环境通过自然草坡和树丛联系起来，创造出一个具有雕塑感的场景；图2-20，奥尔胡斯大学校园运用地形特征设计的露天绿色剧场。

2.1.3　水体

自然中的水给人以丰富多彩的感受，涓涓的溪流、慢慢的沼泽、奔腾的江河、宁静的湖泊，成为人们美的世界中不可或缺的资源。由于水体形成的景观形态千变万化，具有丰富的表现力，是构成景观建筑空间环境的主要因素之一。因此，在景观建筑设计中，充分利用水体的视觉和实用功能，以营造生动活泼的景观效果。水体的类型可根据形式、使用功能、水流状态等不同途径进行划分。

2.1.3.1　类型划分

（1）按水体的形式划分，水体可分为自然式、规则式和混合式三类

① 自然式水体。保持天然形状的河、湖、涧、泉、瀑等，外形通常由自然的曲线构成，其边坡、底面均是天然形成，多半随地形而变化。水体流向通常为泉水—池塘—溪流—险滩—急流—叠水—湖泊—瀑布—江河—海洋，有明显的连续性。自然式水体包括自然生成的水体和人工模仿自然形态修建的水体，通常这类水体的水域面积、蓄水量较大，对环境的生态系统有直接作用（图2-21）。

图2-21　自然式水体　　　　　　　　　　　　　　图2-22　规则式水体

②规则式水体。几何形体的喷泉、水井、瀑布等人造水体景观，其底面、侧面均是人工构筑物。这类水体通常体量较小、形式灵活、易于修建，主要起到点缀空间、美化环境的作用（图2-22）。

③混合式水体。自然式与规则式交替穿插或协调使用

（2）按水体的使用功能划分，水体可分为观赏式和开展水上活动两类

①观赏式水体。主要起构景作用，水面有波光倒影，又能成为风景的透视线，水体内可设岛、桥、水生植物等，岸边可做不同的处理，构成不同的景色。

②开展水上活动式水体。与观赏式水体相比，开展水上活动的水体一般水面较大，有适当的水深，水质好，活动与观赏相结合。如利用水体开展各种水上娱乐活动——游泳、划船、冲浪、垂钓、航模比赛、漂流等，这些娱乐项目极大地丰富了人们对空间的体验，拓展了整个环境的功能组成，并增加了空间的可参与性和吸引力。

（3）按水流的状态划分，水体可分为静态水体和动态水体两类

①静态水体。静态水体是指水面平静、无流动感或者是运动变化比较平缓的水体。静态水体具有柔美、静逸之感。适用于地形平坦，无明显高差变化的场地。对于静态水体的设计要考虑周围景致所形成的水面倒影效果，使静水面和建筑、植被相映成趣，粼粼的微波，激滟的水光给人以明洁、清宁、开朗或幽深的感受，以增加空间的层次和美感（图2-23，图2-24）。

②动态水体。动态水是指具有运动特征的水体，湍急的溪流、喷涌的瀑布，有活泼、灵动之美；常作为景观中的点睛之笔，给人欢快清新变幻多彩的感受（图2-25，图2-26）。

2.1.3.2 水体的作用

作为景观建筑外环境的基本要素之一的水体，其作用主要表现在以下四个方面：

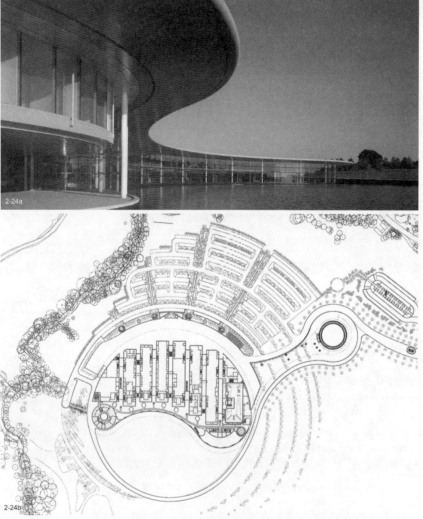

图2-23 莫斯科新圣女公墓外景观建筑

图2-24 麦克拉伦技术中心

① 丰富景观环境。水体作为一种流动、柔性的景观元素，可以通过各种实体形态和物理手段形成不同的水景造型，表达不同的设计寓意。图2-27，设计以周边环境为背景，借景于自然，由小山围起的景观建筑和游泳池构成一幅世外桃源的景象；图2-28，戴安娜王妃纪念水池，椭圆轮廓的水流与其包含在内的植物和地形，仿佛园林中的一个人工岛，提醒人们戴妃在Althorp小岛的安息之地，通过水体的形态设计，营造纪念性的景观环境；图2-29，昆明世博园滚水坝。

② 分隔空间环境。不管是在建筑设计还是在环境设计中，水面都是构成空间的重要因素，它与众不同的特点是其只阻隔行为而不阻隔人们的视线，还可以成为空间环境的焦点。在一个环境当中，不管水体有多狭窄或是多宽阔，都可以让人感觉到空间的分隔性，抑或从喧闹到安

图2-25　萨马兰奇纪念馆前的水体设计
图2-26　动态水体
图2-27　丰富景观环境
图2-28　戴安娜王妃纪念水池

静，抑或从公开到私密，总之，空间的变化非常明显。不管是在古老的庭院，还是现代的各类公共活动场所，水体都是最受欢迎的环境景观，具有强烈的凝聚力，也能反映城市空间和建筑风格的重要性（图2–30，图2–31）。对于景观建筑而言，由于其本身的景观艺术特性，可以结合水体景观特性灵活地进行建筑的分隔。

　　③ 调节小气候。景观水体能调节区域小气候，对场地环境具有一定的影响作用。大面积水域能够增加空气的湿度，降低空气温度，有利于营造更加适宜的景观环境（图2–32）。

　　④ 为水生动植物提供生存环境。水体可以提供观赏性水生动植物的生长条件，为生物多样

图2-29　昆明世博园滚水坝
图2-30　分隔空间环境（一）

性创造必需的环境。这些水生动植物也为水体景观带来了无限生机（图2-33，图2-34）。

2.1.3.3　水体设计原则

（1）功能性原则

图2-31　分隔空间环境（二）
图2-32　调节小气候

图2-33　为水生动植物提供生存环境（一）　　　　　图2-34　为水生动植物提供生存环境（二）

　　对于水景的营造首先要分析水体在景观中的功能。水体具有观赏、娱乐、调节小气候、为水生植物提供生存环境、维护生态平衡等功能。以观赏水为主的水景着重考虑水景的视觉形态，通过各类水景构筑物制造特色水景造型，并提供观赏场地，例如，巴厘岛阿雅娜度假村水疗中心在水池中的倒影优美灵动；包头南海景区中轴水系，用水的流动和高程上的变化来引导游人。具有娱乐功能的水景除了创造形态美感外，还要加强可参与性，满足人们亲水、嬉水的需求，例如，亚龙湾鸟巢度假村山间泳池与周围环境相得益彰（图2-35至图2-37）。

　　（2）空间美学原则

　　空间美学因素是水景设计的重要内容，水景的视觉效果很大程度上影响整体景观的空间质量。水景的营造必须能够给人带来美感，使人赏心悦目。水体的造型设计应符合艺术美感。无论是溪流、叠水、喷泉都要推敲其具体的造型，处理好水体造型和空间的关系，使其成为景观中的点睛之笔。例如，四周由平均高度达上百米的居住和办公建筑群环绕的北京商务中心区（CBD）

图2-35　巴厘岛阿雅娜度假村水疗中心
图2-36　包头南海景区中轴水系
图2-37　亚龙湾鸟巢度假村山间泳池图

现代中心公园规划中的水景设计（图2-38），在公园核心绿色平台中心设直径25m的圆形溢流水池——"镜池"（图2-39至图2-43）。

（3）亲水性原则

水历来是人们生活环境中不可缺少的一部分，在现代景观建筑环境设计中，应尽可能创造出亲水环境，使人们在满足视觉享受的同时，能获得不同的心理感受，并充分享受水体带给人类的所有乐趣。随着景观设计中水体的大量应用，出现了各种亲水性景观形态，如戏水喷泉、涉步小溪、

图2-38　北京CBD现代艺术中心公园鸟瞰图
图2-39　水舞台
图2-40　泪泉 水台阶
图2-41　艺剧场
图2-42　走泉
图2-43　射泉池

儿童戏水泳池及各种水力按摩池、气泡池等，这些景观水体将视觉景观与休闲娱乐结合起来，丰富了景观的功能构成（图2-44至图2-47）。

（4）生态性原则

水体作为重要的自然资源，在整个生态环境中有着举足轻重的作用。水景设计要着重考虑其生态意义。环境中引入水系或者利用原有自然水体，可形成并改善植物的生长环境，构成多样化的植物格局。流动型水体具有较强的自净化能力，有利于保持优良的水质，在景观中水体应尽可能做到循环流动，让水景成为环境中的有机组成部分，发挥其生态作用（图2-48）。

（5）经济性原则

开发水景要在营造景观效果的同时考虑施工建设及后期运行的经济性问题。不同类型的景观水体，不同的造型和水势，所需要的建设投入和运行耗能是不同的，设计水景时要考虑环境条件及经济因素的影响，选用适合的水体形式，确定适当的水景规模，通过对不同水体类型的优化组合、动静结合等措施来降低建设及运行费用。图2-49，美国耶鲁大学克朗馆的景观水体设

图2-44　亲水性原则
图2-45　盖萨瀑布主题公园
图2-46　亲水性原则
图2-47　日本长崎滨水森林公园
图2-48　生态性原则

图2-49   美国耶鲁大学克朗馆

计，将景观水体与净化雨水再利用功能相结合，以达到雨水再利用的目的，从而减少雨水排入城市下水道系统，节省运行成本。

2.1.4 植物

在景观营造中，植物是极其重要的元素，一个优质的景观环境离不开植物的配合，植物能使环境充满勃勃生机和美感。本小节将重点讨论植物景观的特点、功能与应用。

2.1.4.1 植物景观特点

植物作为景观构成的基本元素，不仅种类丰富，应用形式灵活多样，而且各具特点。与构成景观的其他元素如地形、水体、建筑、园路等比较，植物具有很大的特殊性，这种特殊性是由植物本身具有生命特征而引发的（图2-50）。每种植物都具有其独特的生物学特性，对生长环境有不同的要求，为了满足植物在存活方面的要求，应在不同环境条件下选择栽植适宜的植物种类，从而促进植物景观的多样性形成（图2-51）。

由于植物的生物学属性使得植物成为景观中最具动态性、变化最丰富的因素（图2-52，春、夏、秋、冬不同的植物景观）。植物处于持续不断的生命活动之中，一年中有季节变化的不同景象，一生有幼苗、成年、衰老、死亡等变化，正是植物这些生长变化赋予了景观的动态美，使得同一地点的某一时段形成某种特有景观，给人不同的视觉感受。

图2-50　哥本哈根市中心蒂伏里花园　　图2-51　植物景观特点

2.1.4.2 植物的功能与运用

植物在景观环境中的作用大致可以分为视觉功能和非视觉功能两大方面。视觉功能是指利用植物来美化环境，营造宜人的户外空间；而植物的非视觉功能主要包括生态环保、防灾避险和产生经济效益等功能。

（1）美学功能

植物的美学功能指植物景观营造良好视觉、增加环境的可观赏性的功能，包括植物的个体、群体、衬托美学功能等。个体美学功能指由植物个体孤植成景所表现出的视觉观赏价值，腾冲和顺村巷道口半圆形月台中的独树，以其优美的体态，定义了月台空间（图2-53）；群体美学功能指由单种或多种植物经自然或人工在一定时空背景下配置而成的植物景观所具有的视觉观赏价值（图2-54，法国南部的向日葵）；衬托美学功能指植物与建筑、水体、假山、道路等自然或人工要素在一定条件下配置而成的园林景观所具有的视觉观赏价值（图2-55，花园大道）。

（2）空间塑造

植物的空间塑造功能指植物在景观空间塑造过程中采用不同栽植方法，体现出围合、分隔、连接、遮蔽、覆盖等不同的功能需求。植物材料具有丰富的三维体量，能起到类似建筑元素的空间围合效果，成为室外空间塑造的重要构成元素（图2-56）。

开敞空间：利用草坪、地被植物或低矮的灌木等植物对空间进行限定。这种空间的私密性

图2-52　春夏秋冬不同景观
图2-53　腾冲和顺村

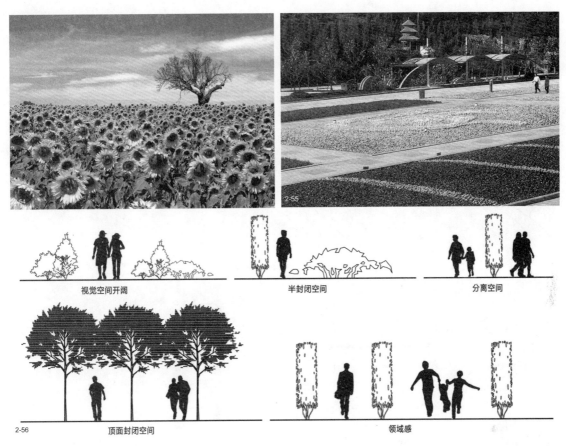

图2-54　法国南部的向日葵
图2-55　花园大道
图2-56　空间塑造

弱,具有较强的开放性,对人的视线无遮挡,但可以限定人的流线。

半开敞空间:相对于开敞空间来说增加了空间的限定程度,在开放空间的一侧运用较高或叶丛较密的植物,形成对空间的单面封闭,而限定较弱的方面则成为主要的景观视线方向。

分离空间:在户外空间中设置较高植物将空间划分为2个部分,阻挡视线。

顶面覆盖空间:利用具有浓密枝叶和较大树冠的高大乔木构成顶部覆盖而四周开敞的空间类型。

领域空间:在户外多组空间中设置较高植物,将空间划分为不同的领域,以强调其领域感。

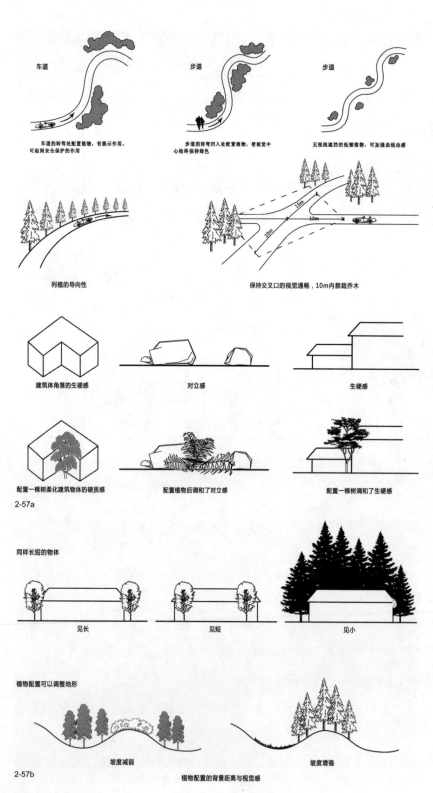

车道

步道

步道

车道的转弯处配置植物, 有提示作用, 可起到安全保护的作用

步道的转弯凹入处配置植物, 使视觉中心始终保持绿色

无视线遮挡的低矮植物, 可加强曲线动感

列植的导向性

保持交叉口的视觉通畅, 10m内禁栽乔木

建筑体角落的生硬感

对立感

生硬感

配置一棵树柔化建筑物体的硬质感

配置植物后调和了对立感

配置一棵树调和了生硬感

2-57a

同样长短的物体

见长

见短

见小

植物配置可以调整地形

坡度减弱

坡度增强

2-57b

植物配置的背景距离与视觉感

图2-57　配置艺术

（3）配置艺术

在环境空间的处理上，不同类别植物的艺术配置，能产生不同的艺术效果。合理运用，使之接近人们的心理习惯和使用要求，形成丰富的空间层次（图2-57）。

（4）生态保护

景观植被可以起到保护和调节自然环境，避免环境向不良方向发展的功能，包括防护、改善、治理功能等。防护功能是指保护环境免受或减少外来因素的侵害或干扰，改善功能是指对轻度污染或不良环境进行调节，如维持碳氧平衡、滞尘、吸收有毒气体、调节温度、改善光照、降低噪音等；治理功能是指对遭受严重破坏或污染的环境进行恢复、治理。如护坡固图、涵养水分、控制扬尘等（图2-58）。

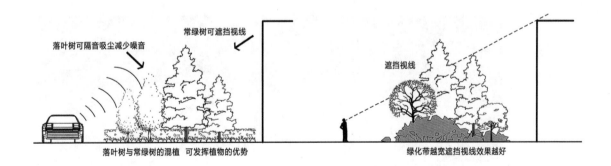

图2-58 生态保护

2.2　人工因素

　　道路、广场、建筑及构筑设施是城市或乡村中的人工建造的景观。在城市、社区中，广场、道路、建筑及构筑设施分别以"点""线""面"或"体"的形式存在，这些"点""线""面"体是环境形态的构成要素，可标示环境的"量"（即面积、体积、容量）、"形"（即形状、形式、形态）、"质"（即性能、功能、品质）。

2.2.1　建筑物与构筑物

　　建筑作为人类社会文明的物化成果，构成了景观环境的空间主题，形成了景观环境的主要意向。建筑在城市景观的形成上既是一种构成要素，也是一种景观主题。建筑与构筑物通过其单体造型、群体组合关系、细部处理、材料质感对比、色彩变化以及良好的环境关系，从视觉和心理上给人以艺术享受，所以建筑也被认为是一种重要的视觉艺术而被赋予较高的景观期望值。例如，杭州余杭临平山东来阁设计（图2-59），将建筑沿山脊分东西两组分散布置，东为主阁，左辅一观景亭；西为次阁，右辅一观景亭。中间以敞廊相连接形成内院。场地山脊线走向西高东低，东来阁则东高西低，二者正好成反平衡，阁与山体的自然景观协调，从临平市区南北两

2-59a

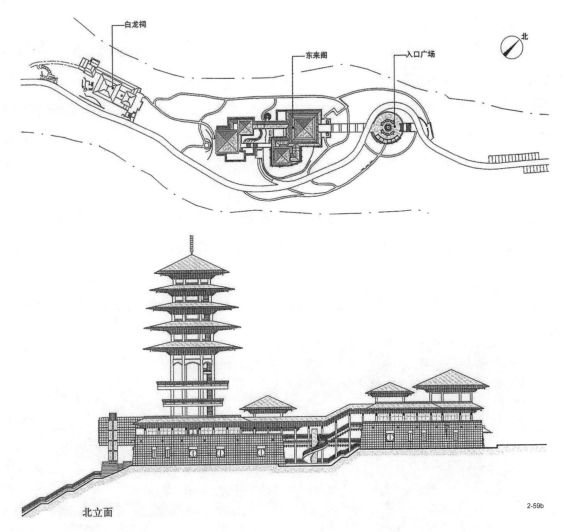

图2-59　杭州余杭临平山东来阁

侧望去皆成景,成为南来北往道路、京杭运河的一个视觉焦点。

2.2.2 道路

　　道路因交通需要而产生,是景观环境中组织生产、生活活动所必需的给车辆和行人提供通行的线型空间。它联系各种功能区块,并相互连接形成网络,构成场地的空间骨架。它不仅是场地内人、车通行的物质基础条件,通常也是给排水、供暖、电力、电信等市政设施的敷设通道。

2.2.2.1 道路类型划分

作为区域联系和城市内部运转的"骨架",道路功能复杂,分类也多样化。道路的交通功能在很大程度上决定了道路的类型和景观处理手段的选择,根据其结构特点可分为高速公路、快速通道、城市干道、居住区街道、园林大道、滨河路、园路、商业步行街等多种类型。不同的道路类型有不同的线形、路面、结构、道路铺装、绿化和设施要求,在景观设计时都要充分考虑使用对象的运动特征和欣赏方式,植物配置、设施安排及小品设计等应采取不同的组合方式和处理方式。

如以交通功能为主的高速公路、快速干道等道路,安全快速是主要目的,要求线形平直流畅、路面结构和铺装安全耐用、绿化设计满足快速运动下的视觉特点;居住区街道在线形、铺装、道路设施和绿化的设计中应综合考虑人车共行的安全性和舒适性(图2-60);景观性道路如园林大道、园路、滨河路等则应考虑变化的曲线以达到步移景异的效果(图2-61,图2-62);

图2-60　绿色植物散步道
图2-61　步移景异的效果
图2-62　富有动感的园路设计

图2-63　墨西哥传统河石铺地　　　　　　　　　　　　　　　图2-64　日本动感的铺装图案

在满足车行、人行的前提下尽量增加绿化，并应设置一定的活动场地和设施；商业步行街则要求精致华丽的铺装，其设施和绿化应有人性化的细节处理（图2-63，图2-64）。

2.2.2.2　道路布局原则

道路空间是景观空间中的主要类型之一，它相对独立，又和其他各类空间相联通，共同构成景观空间系统。道路空间的特点在于它是连续的沿某方向展开的线状空间。道路设计中道路的线型、规模对空间效果有决定性影响，它限定人的活动轨迹，制约着观者的视点和观察路线，从而影响人在运动中的空间体验。在进行景观道路设计时，应考虑不同类型道路的空间特点，按照相应的设计方法统筹道路布局，将道路与景观环境中的节点有机组织，营造多变的道路空间序列，使观者在移动中欣赏到最佳的景色转换。例如，日本鹿泽园自然公园步道设计，除了满足道路把人引导到某处的基本功能外，绵延的木步道上，利用地势起伏隐藏着的亭榭成为避雨空间（图2-65），阶梯状的广场是作为集合场所的标志，同时也是纳凉的长椅。该步道设计，在不损害自然景观的同时作为公园显著的标志而存在。道路布局应遵循下面五项原则：

（1）功能性原则

道路布局应对各功能区域进行合理连通；其设计首先要满足交通的需求，合理安排好人流和车流的问题，给车辆和行人提供安全、舒适的通行空间。包括一些特殊车辆通行问题，如消防车、救护车、垃圾车等。因此，在进行道路设计时应遵照各种技术要求，包括道路的平面设计、道路断面设计、道路交叉口设计等内容，以保证道路建设的科学合理。

（2）系统性原则

城市道路作为完整的系统是由城市中各类不同级别的道路相互连接构成的网络。各种级

图2-65　日本鹿泽园自然公园设计

别的道路各司其职，承担相应的交通功能。道路布局需要进行系统性设计。每一种尺度的空间都由相应的道路系统组成。设计时应按照空间特点和功能需要将道路进行系统分级，确定每条道路的规模，组成和谐的道路网络。

（3）节约用地原则

道路布局在满足便捷交通的前提下应尽量减少道路用地面积。道路的规模要根据道路的级别合理确定，考虑车流量或是人流量的大小。避免形成过宽的路幅或过密的路网，占用大量的土地。

（4）整合性原则

整合性原则就是在道路布局设计时要考虑原有环境中的各类空间元素，对其进行整合设计。对道路布局产生影响的元素有地形、水文、植被、建筑等。地形和道路布局有直接关系，影响道路走向和坡度。道路设计要尽可能保护环境中的植被，环境中的水体和建筑也会影响整体环境功能布局，对道路设置也有很大影响。在设计时，要了解原有环境中的自然和人文条件，在满足道路设计标准的前提下合理利用各种元素营造道路景观，尽量保护原有的生态环境，减少工程量，节约工程造价。

（5）美学原则

道路空间的视觉效果对于整个城市形象有重要影响，设计中应注意其空间美学方面的要求。考虑其空间形态和色彩组织，如美国旧金山的罗姆巴德大街的车行道设计，由八个急转弯组成的蛇形曲线路段，配合着弯曲的路形，沿着路的两侧，种植的绿篱和花坛，从下往上望去整个路段犹如一个意大利式的台地，这种独特的景观使其成为旧金山一条有吸引力的标志性街道（图2-66）。

2.2.3　场地

作为景观空间中的构成元素，场地是指环境中相对集中的、经过功能需求设计的地面场地。根据空间条件和功能要求，场地面积可大可小，相对于线形道路空间，场地是环境中展开的面状空间。

2.2.3.1　场地类型划分

场地按使用功能可划分为以下四种：

图2-66　罗姆巴德大街车行道设计

图2-67 安静休憩

（1）人流集散

作为人流集散的场地，其主要作用是解决环境中人流的聚集与分散，属于流动性很强的空间，具有开敞空间的特点。不管在交通上还是在视觉方面都与周围环境保持很好连通。如公园入口广场、公共建筑前的广场等。一般来讲，人流集散场地的面积通常较大，以便于大量行人的集散与顺畅穿行，减少相互干扰。这类空间适宜平整集中的场地，场地内部不宜做过多的高差变化以免对人流交通形成障碍。

（2）安静休憩

提供人们静坐、休憩、交流为主要功能的场地。这类场地面积通常较小，具有内向、封闭的特点；围合性、边界感强烈；需要和其他流动性强的场地进行一定空间区分，以营造相对安静的环境氛围。一般来讲，这类空间造型细腻，具有亲切的尺度，周围通常设有一定的遮蔽物以限制人的视线（图2-67）。

（3）体育健身

用以提供体育健身为主要目的的硬地空间。这类场地需要相对开阔的硬质地面，并设置足量的健身、娱乐设施。相对于安静休憩区，这类场地属于动态性空间。从整体空间来看，这类健身场地需要与外界有便捷的交通，通常靠近周边城市道路布置，方便居民使用；同时也可避免对其他场地空间的干扰。

图2-68　三菱一号馆休闲空间设计

（4）休闲娱乐

这类场地空间造型丰富，竖向变化较大，具有较强的观赏性和可参与性。通常结合景观中的其他元素共同组景，以构成不同主题的景观节点。具有休闲娱乐功能的硬质场地通常是整个景观环境中的重点，并可能兼顾其他的功用。因此，在设计时要充分发挥景观优势资源，结合各类景观设施和休闲设施，营造独特景致和空间造型增强空间的娱乐性和吸引力。

例如，日本三菱一号馆休闲空间的设计，利用建筑的中庭作为城市休闲空间，人性化尺度设计的园路、喷泉、花坛、休息椅自然随意，新建的超高层建筑的门柱实施了垂直绿化，独具匠心的设计和呈现出来的体量感和层次感，让人们拥有感知四季变化的自然式休憩场所（图2-68）。

2.2.3.2　场地布置

场地作为整个环境中的展开面，由道路空间相连，构成基本的空间骨架；也同时限定了人的活动范围和路线。场地在环境中的布局在一定程度上决定了观者的视线变化。对于场地的布局设计除了确定其平面位置、形状、面积之外，还要对立体空间进行周密组织，考虑整体空间的秩序和视觉效果。包括营造场地的视觉形态，形成具有观赏功能的景致。例如，日本箕面市萱野新购物中心的商业区场地设计，不采用惯用的消费场所装饰和设计，而是结合场地特征——高差、河流，设置天桥、不同标高的甲板露台、小瀑布等与河床构成立体性的回游空间，形成自然的"看"与"被看"商业景观，吸引人们积极参与其间，提升了环境的舒适感，创造了魅力十足的商业空间(图2-69)。

2.2.4 环境设施

在环境中为人们提供公共服务而设置的具有特定功能并具有一定的艺术美感的公共物品，称之为环境设施。设施是景观环境中的重要元素，因功能的需要而产生，同时也肩负着营造景观视觉效果的作用。高质量的设施设计能很好满足人的各种空间需求，体现人性化的景观设计原则；并能提升整体景观质量。它与建筑、山水、植物等共同构成了景观环境的整体形象，表现出

图2-69 箕面市萱野新购物中心商业区场地设计
图2-70 海滨露天音乐台
图2-71 环境设施

环境的品质和性格（图2-70至图2-75）。

2.3 人文因素

所谓的人文因素包含了社会因素和文化因素。社会因素包括历史因素和人文因素两大类。历史因素中又有时代因素、民族因素、地域因素，这些因素比较稳定，不是经常变化的。人文因

图2-72 环境设施
图2-73 新西兰皇后镇Kiwibird展览馆标示（一）
图2-74 儿童洗手台
图2-75 新西兰皇后镇Kiwibird展览馆标示（二）

素是社会因素中最活跃的、经常变化的因素。人文因素包括人的习俗性格、宗教信仰、文化素养、审美观念等。凡属于意识形态方面的、非物质技术方面的内容 都属于文化因素范畴。如礼制、宗族、绘画、音乐、戏曲、雕刻、装饰、装修、服饰、图案等都属于文化范畴。以建筑类别来说，则多着重在制度、习俗、审美观以及艺术处理等方面。

2.3.1 地域文化

地域文化的形成是受自然环境的地质、地形、气候等因素影响，在地域社会精神财富和物质财富长期积累下而形成的，形于外如生活习俗、艺术形式、城池建筑、服饰器皿等。它体现了一个地区人们对自然的认识和把握的方式、程度以及审视角度，表达了地域社会的个性和规定了地域社会共同遵循的秩序（图2-76至图2-78）。

景观建筑设计应解决好空间现代化和本土化的关系，有意识地把文化因素注入现代空间中，赋予景观建筑以文化内涵，使生活在环境中的人在观景时产生认同感、归属感和亲切感；这有利于创造多样化的地域景观。如西双版纳热带作物研究所竹楼式宾馆，其平面布局吸取了传统的傣族竹楼特点，由厅（堂屋）、室（卧室）、廊、平台组成了一个"T"字形，简洁集中。底层休息厅设为敞厅，三面环以回廊，回廊及挑出水面的平台、楼梯使室内外空间相互渗透、穿插，取得了层次分明、空间变化的效果。屋面结合当地气候条件，采用傣族民居常用的陡斜的缅瓦歇山屋面，高低错落，轻巧新颖。传统民居形式在现代宾馆设计中被加以叠加和组合，从而形成新的视觉感受，创造了一种既有现代建筑技术特征又有着浓郁地方建筑文化特点的景观建筑（图2-79）。

图2-76 绿树与梯田环抱的哈尼族村寨（一）　图2-77 绿树与梯田环抱的　　　　图2-78 泸沽湖边的木楞房
　　　　　　　　　　　　　　　　　　　　　　哈尼族村寨（二）

图2-79　西双版纳热带作物研究所宾馆

2.3.2 民风民俗

民风民俗是种极富地方特色、极其区域化的、饱含民族情感的地方文化。一方水土造就一方人，每个地方的人群都具有他们自身的生活方式和生活习惯。各个民族的风俗都带有很强的个性特点，这些细碎的文化内容形式熔铸了各民族浓烈的感情色彩，构成地域风情（图2-80至图2-82）。

2.3.3 宗教信仰与宗教建筑

宗教是人类重要的精神文化产物之一，影响着信仰者的各个生活层面。不同的民族、地域

图2-80　彝族花脸节
图2-81　傣族泼水节
图2-82　景颇族目脑纵歌节
图2-83　俄罗斯瓦西里升天大教堂
图2-84　香格里拉茨中村天主教堂
图2-85　卡萨布兰卡哈桑二世大清真寺

群体有各自不同的宗教信仰（图2-83～图2-85）。

　　宗教建筑作为一种体现人神关系的建筑类型，对自然观的反映比其他建筑类型表现更为突出，宗教建筑以其独特的建筑技术、艺术和多元文化交融并存的特征，代表了各地方风景名胜的精髓。例如，大理崇圣寺的恢复重建工程，以保护三塔为核心，在保持已建成的钟楼、雨铜观音殿和前寺区建筑布局的基础上，崇圣寺的规划建筑布局，既按照佛教文化的仪轨等级，又尊崇中国传统建筑的建制设计形成一主二次三条轴线，八台、九进、十一个层次的院落组合。展现了佛教文化、历史文化、地方文化与建筑文化地有机结合，突出大理地区历代佛教建筑中有代表性的特征，强调崇圣寺的历史文化价值（图2-86～图2-88）。

图2-86　三塔与崇圣寺建筑群
图2-87　崇圣寺与三塔
图2-88　崇圣寺建筑群

2.4　人为因素[2]

伊丽莎白·鲍尔·凯斯勒认为，良好的规划与设计将是一个既尊重自然特质，又尊重人的天性过程的产物。在影响景观设计的因素中，对使用者的分析是其中不可或缺的部分，它是人性化设计的直接体现。

2.4.1　行为与环境

人对景观环境有什么需要？希望从中得到什么样的体验或满足？这是设计者在设计之初就要思考的问

---

[2]　这部分内容根据《景观设计学概论》第9章；李道增《环境行为学概论》的内容归纳整理.

题。人类行为与非人类环境之间的相互作用是一个双向过程。一方面，环境对个人有明确的影响，我们的反应可能是去适应加强外界条件。另一方面，我们不断地操纵或选择周围的物质环境，努力使生活从物质上和心理上都更加舒适。

行为是两套主要变量系统之间复杂的相互作用的结果。首先是会影响个人的周围环境；其次是个人的内在状况，其中包括两个部分内容，即与人体生物机制相关的生理要素和文化背景、动机、个人经历以及人的基本需求有关的心理要素。因此，在设计中我们要关注三个相互关联的个人元素类别：身体的、生理的和心理的。

2.4.1.1　身体因素

身体因素是影响到人的外形和尺寸与环境细节之间的明显关系，对人体平均尺度、常见姿势、运动及成长的分析，要作为建筑各组成部分和景观中细部设计尺寸的基础。门必须足够高，使人们不必弯腰就能通过；座位尺寸必须适宜，倾角舒适；踏步尺寸取自人体基本的运动模式；坡道倾角和扶手高度源于使用者的身体外形与运动特点。勒·柯布西耶的模数系统是源于人体的一套在视觉上令人感到愉悦的比例和尺度。依据使用者在各种状态下的尺度，建成适于工作与休闲娱乐的建筑与户外环境。

2.4.1.2　生理因素

人的生理需求相对比较容易描述。它们是人体内在的生物状况与周围环境互动的结果。人们需要食物、空气、水和运动以及对过热和过冷的防护。健康或病态可能被视为是一个生物体适应环境挑战成功或失败的表现。个体通过这一过程将内在环境保持一个接近稳定的状态是所谓的"动态平衡"（homeostasis）。这个过程从本质上讲是天生的并且是无意识的，引起肌体和腺体的运作。流汗、发抖和睡眠是身体对环境条件反应的例证。

对环境的调整加速了动态平衡过程。在社会发展中，如果没有修建遮蔽物、不使用与操控防火墙，动态平衡已经很难或者说根本无法维持。动态平衡也可能导致迁移到条件更加舒适的地方。

因此，在理论上人类生理像人类的外形一样，需要轻松地精确阐明。这类需要可以通过提供营养食品、清洁空气以及充足与纯净的饮用水得到满足，除了在一个可高效控制冷热的环境中减少疾病的发生，还要提供避风遮雨的环境，同时还要提供在清新的空气中与明媚的阳光下锻炼的机会。

人的"半生理需求"（semiphysiological need）是自我保护和避免痛苦的需要。这是避免人身伤亡的自我保护手段。行为上的表现在很大程度上都是本能的，碰到过热的物体，手会自动缩回，为防备危险我们会采取预防措施。险恶和不明确的环境可能导致忧虑与紧张，这种状态也会对人产生损害。因此，我们寻求有一定人身安全保证的环境，由此诞生了一系列规章与设计规范，例如，桥梁与台阶要加装安全扶手等设计措施（图2-89）。

2.4.1.3　心理因素

健康不仅仅是没有疾病或不虚弱而已。世界卫生组织把"健康"定义为涵盖了身体、心理和社会等方面均健康良好的状态。心理因素包含人的心理与社会需要、行为模式与趋势，心理因素是三个因素中最难界定的一个，它与环境的形式相联系。人的心理需求及对环境的感知会由于年龄、社会阶层、文化背景、既往经验、动机目的以及日常的个人习惯等原因而不同。这些因素会影响并区分出个体与群体不同的需求结构。尽管在明确定义多种需求存在诸多变数和困难，但我们可以基于观察到的行为、经验依据和社会分析将人的内在需求分为五种动机和心理需求：社会的、稳定化的、个人的、自我表现的、改善丰富的。在它们之间不可避免地会存在重叠和潜在冲突。

（1）社会需求

社会需求成为第一类需求，包括了个人对社会交往的需要、对组群隶属关系的需要以及对友谊和爱的需要。伴随着这些需求还有更多细微的需求，这些需求由其他需求维系，需要由其

图2-89　桥梁与台阶加装安全扶手

他人提供保护。同一家庭和同一群体明显是这些需求的表现。整个社会在很大程度上是围绕着这些基本需要组织起来的,如城市广场能提供多种多样的社会交流活动场地,有助于满足此类需求。

(2)稳定需求

第二类需求称为"稳定需求"。我们有一种要逃离恐惧、焦虑和危险的需求。我们需要有明确的方向,有必要发展并拥有一种明确的生活哲学,需要安排和组织环境,希望通过民主过程对生活形式和内涵发表观点。我们不仅是通过完善物质条件来满足我们的生理需求,并且也满足一些标志着深层次的需要,即象征性的、高度抽象的冲动形成并塑造环境。"自主式规划"的概念(advocacy planning),即自助与自觉在一定程度上反映了在涉及自身环境中通过参与与决策获得稳定的愿望。这导致了一种设计活动形式,它不仅能满足人们对稳定和基本安全的需要,而且还能够导致一种全新的设计过程。

(3)个人需求

个人需求被描述为第三类需求。它在一定程度上与自我表现的需要相重合。在这里,我们把人们在自我认识体验和发展中的需要看做是特定时期的需要,也就是进一步对隐私的需要。在环境中,人们通常会对个人决策、个人身份与个人独特性有强烈的要求,而与此相关的是能够选择或决策人生。环境设计在合理的范围内都应该允许个人去表达个性与身份。

(4)自我表现

自我表现是由多种需要组成的,包括自我宣扬和展示的需要以及统治和权力的需要;在领域概念的影响下,还有针对环境的需要;针对成绩与成就的需要;威望的需要以及受人尊重的需要。这意味着设计需要寻找适合特定人群的空间表达形式。

(5)丰富需求

人类最后一组需求被称为是充实丰富的需求。人具有自我实现与个人创造力的需要,而且人对美和审美体验有着强烈的需求。在自我实现的过程中,外界环境同样也起到了重要作用。在营造景观环境时,应注重外界环境与人在互动过程中赋予环境中的人以归属感和认同感,有利于自我认同和自我价值感的提升。

2.4.2 环境感知与行为

环境感知是人认识环境的第一步。行为,是由个人与其他人(社会环境)以及与环境(物质环境）相互作用而引发的。在景观设计之初，我们要对环境被人感知的方式以及一般行为反应有所了解，才能设计出对人们有影响的景观环境。

2.4.2.1　环境感知

人通过器官感觉——视觉、听觉、嗅觉、触觉接受环境信息。

① 视觉。人们获得的信息中有87%是通过视觉得来的。通过视觉人能感受到物体的造型、色彩、体量、远近，视觉对于人对个人空间环境的界定、周围环境的感知起到了绝对重要的作用，因此，在进行景观设计时人的视觉尺度是设计首要考虑的因素。

不同的空间距离具有不同的视觉特点，可形成不同的空间感受。在平视状态下，人的明视距：20~25m——看清人的表情，人们通常对于这样的尺度感觉比较亲切；100m——仅能分辨出具体的个人形象，经过实际测量，这个空间尺度有助于形成良好的场所感；大于400m——只能看见大概轮廓，看不清楚景物，当景观中需要表现辽阔深远的感觉时可利用这个距离。

② 听觉。人对声音的接受与人的听觉尺度有关。听觉作为视觉的辅助器官，通过它所获得的外部信息仅次于视觉。很多情况下人们通过声音而感知对象的存在，并进一步确认事物的方位。人的听觉具有相对较大的工作范围。根据人类学家爱德华·霍尔《隐藏的维度》一书中的研究，听觉的有效距离：3m——双方对话最方便的距离；小于6m——耳听最有效地距离；小于30m——单方向声音可以听到，双向对话困难；大于30m——人的听觉急剧失效。

③ 嗅觉。人的嗅觉感受到的尺度有限，只有在1m以内的距离里，才能感受到较弱的气味，超过3m的距离，人只能闻到较浓烈的气味。

④ 触觉。距离人体0.5m的距离，人能通过抚摸触觉感受构成环境材料的质感、纹理等。不同的材质带给人的心理感受不同。

综上所述，人对环境的感知是综合所有感官搜集到的信息，在头脑中得出对这个环境的初步认识。在对环境的感知过程中，人们会主动捕捉并按自己的经验来理解环境信息，因此，环境感知具有主观性；不同的人对环境的感知是有差别的，所以环境感知具有个体差异性；人对环境信息的搜集具有一定的目的性，因此有意义的信息易被感知；人对具体物体与整体环境的感知是有区别的；人对环境感知有认识容量的限制，过于纷繁复杂的信息不易于人的接受；一个环境中的元素或物体由于其自身的形状、颜色、对比或象征性而异常突出，以至于它很容易被人辨别和选择。对于这些感知特点的了解和应用有助于在设计过程中创造出易于被感知，接受度高的景观环境。

2.4.2.2 环境行为

环境行为是人在长期的生活和生产过程中，由于人和环境的相互作用，逐步形成许多适应环境的行为习惯。环境影响人类行为的方式可被认为是场所本身所包含的意义，如墓地、图书馆、商场这些地方，在我们了解这些建筑和场所的规则、含义以及它们所象征的意义之后，就可以产生一些特定的行为。各种景观类型也可导致特定的行为反应。在设计中考虑这些行为习惯有助于更有效合理地组织空间，创造出以人为本的景观环境。

（1）私密性与领域性

人在公共空间中需要与他人共同分享空间。在共享空间的同时，每个人又会有保持自己一定程度的私密性和占据一定领域的需要。私密性与领域性是环境行为学研究的重要内容，对这两方面的研究可以直接对设计形成指导，有助于人性化场所的营造。

私密性的要求是人类一项基本的需求，包括四种类型：① 独处。指一个人独自待在某个地方，这是最常见的私密类型；② 亲密。两个人或两个以上的小团体的私密性，是团体之间获得亲密关系的需要（图2-90，希腊圣托里尼岛小泡池）；③ 匿名。指公共场合不被人认出或监视的需要；④保留。指的是保留自己信息的需要。

从私密性的需求我们可以看出，人是希望有控制、选择与他人交往方式的自由，在公共空间中，人既需要私密性也需要与人交往，对每个人来说既要有能够退避到保证私密性的小空间，又要有与别人接触交流的机会，景观环境设计要创造条件求得两者间的平衡，为使用者提供空间选择的可能性，使得使用者可以根据需要自行选择、调节，或独处或交流，满足人私密性和公共性两方面的需要（图2-91，被四季应时花草包围的私密性花园；图2-92，用砖砌的矮墙形成一定的私密性）。

所谓的领域性指的指在个人化的空间环境中，人对空间领域有占有和控制的需要。当空间被侵犯时，空间的拥有者会做出相应的防卫反击。领域性可以使空间使用者增进对环境的控制感，提高空间的秩序性和安全性。一般在设计中，可采取设置限定物加强空间的领域感（图2-93，石头支撑起来的拱门形成分隔私人空间与公共空间的界限。利用植被坡地形成私密性和开放性的平衡），或加强空间的分级系统如从公共空间到半私密空间到私密空间的过渡，形成从开放到私密的良好过渡，这样有利于领域感的加强。

（2）边界效应

边界是线性要素，是两个区域的边界线。人喜欢在具有空间边界感的区域停留、交谈、小

图2-90　希腊圣托里尼岛小泡池
图2-91　私密性花园
图2-92　用砖砌的矮墙形成一定的私密性
图2-93　分隔私人空间与公共空间
图2-94　墨西哥巴亚尔塔港马雷贡滨海大道

憩，这种现象被心理学家称为"边界效应"。边界效应揭示了人对依靠感的需要，人在边界既能获得某种程度的个人空间和私密性，与他人保持一定距离，又可以方便地观看别人（图2-94，墨西哥巴亚尔塔港马雷贡滨海大道以船形花坛形成的边界将滨海路分为两块，是人们乐于停留的区域）。

通过以上我们对人类的特征、需要以及内在动机的描述，我们可以看出环境是影响人类行为的决定性因素，景观环境设计的主要目的是建立起一个发展框架，促进个人需要的实现。

本章小结

景观建筑设计是为人类创造一个舒适的生活环境，它所经营的舞台是我们生活的环境，所应用的布景亦是每天接触的东西。虽然建设环境周边的气候等诸多条件是不能改变的，但某一特定区域的气候会受到设计的影响而改变。设计之初，通过理性剖析环境因素，感性激发，借由设计语言，将设计概念落实在景观环境中。

推荐阅读：

1. 米歇尔·劳瑞. 2012. 景观设计学概论［M］. 张丹, 译. 天津：天津大学出版社.
2. 西蒙·贝尔. 2004. 景观的视觉设计要素［M］. 王文彤, 译. 北京：中国建筑工业出版社.
3. 余树勋. 2006. 园林美与园林艺术［M］. 北京：中国建筑工业出版社.

03

PRINCIPLE AND APPLICATION
OF LANDSCAPE
ARCHITECTURE DESIGN

景观建筑设计原理与应用

景观建筑按使用功能不同分为服务类、管理类、游憩类、小品类、墓园类等类型，不同类型的景观建筑其设计原理与方法有所不同，下面我们针对不同类型的景观建筑设计原理来阐述其设计要点及方法。

3.1 服务类景观建筑设计

3.1.1 餐饮建筑[1]

餐饮建筑包括餐馆、饮食店、快餐店和食堂。其中以营业性餐馆的功能流线较为复杂，我们着重阐述营业性餐馆的设计。

餐馆可分为高级、中级、一般三个级别，其建筑标准、面积标准、设施水平有所不同。

3.1.1.1 餐馆功能组成与功能分析

（1）餐馆的功能组成

餐馆的功能组成可分为"前台"和"后台"两部分。前台是直接面向顾客，为顾客提供服务的用房，如门厅、餐厅、洗手间、小卖等；而后台是厨房加工部分和办公管理用房（图3-1）。

（2）餐馆的功能分析

从图3-2的功能流线关系图中，我们可分析出餐馆功能设计的特点：

① "前台"和"后台"部分都有各自单独的对外出入口。顾客的出入口靠近人流的主要方向，厨房的出入口较为隐蔽。

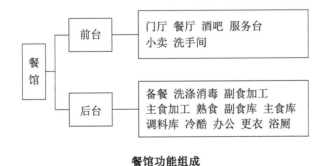

图3-1 餐馆功能组成

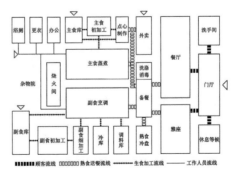

图3-2 餐馆的功能分析

---

❶ 这部分内容根据《建筑设计资料集》（第2版）第5页的内容归纳整理.

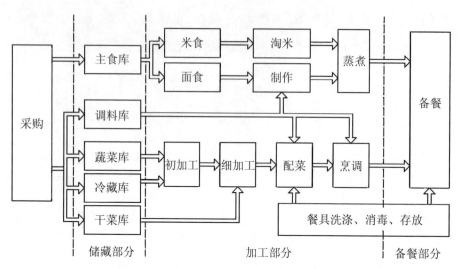

图3-3 厨房艺工流程

② 餐厅与厨房严格分开,但必须通过配餐间紧密相连。

③ 厨房各主要用房的组合秩序是按食品加工工艺流程的要求安排的,是以主副食品加工部分为核心环以各相关房间。

(3)餐馆的流线分析

① 餐馆流线主要包括顾客流线和食物从生到熟的加工流线,两者不可交叉、相混。

② 顾客就餐流线根据不同的就餐内容又分为中餐顾客流线、西餐顾客流线、风味餐顾客流线、小吃顾客流线等。它们都影响各自餐厅的布局与设计。

③ 厨房内的食物流线严格按卫生要求、加工工艺要求,做到主副食分开、生熟分开、洁污分流(图3-3)。

3.1.1.2 餐馆建筑设计主要相关规范(JGJ 63—2006)

(1)总平面

①餐厅建筑的用地出入口应按人流、货流分别设置,妥善处理易燃、易爆物品及废弃物等的运存路线与堆场。

② 在总平面设计上,应防止厨房的油烟、气味、噪声及废弃物等对邻近建筑物的影响。

③ 一、二级餐厅建筑宜有适当的停车空间。

(2)建筑设计

① 餐厅室内净空为2.60~3.00m。

② 餐厅内采光与通风应良好。

③ 就餐者专用厕所位置应隐蔽, 其前室入口不应靠近餐厅或与餐厅相对。

④ 外卖柜台或窗口临街设置时, 不应干扰就餐者通行, 距人行道宜有适当距离, 并有遮阳、避雨、防尘等设施。外卖柜台或窗口在厅内设置时, 不宜妨碍就餐者通行。

3.1.1.3 建筑选址与建筑设计

(1) 选址

近年来餐饮建筑在风景区、公园、城市、乡村等景观环境中已逐渐成为一项重要设施, 其服务性在人流集散、功能要求、建筑形象等方面对景观环境的影响较其他类型的建筑要大。餐饮建筑的选址一般从两个方面考虑, 从满足规范的角度来讲餐饮建筑必须选择在顾客使用方便、通风良好并具有给排水和电源供应条件的地段; 严禁建于产生有害有毒的工业企业防护地段内, 应与有碍公共卫生的污染源保持一定的距离。从餐饮建筑所处的景观环境的角度来讲, 应结合环境的特征, 因势利导, 既可为景观环境添色, 又可为游客的宴饮提供方便, 同时创造经济效益。如图3-4所示, 某江南村落餐厅背山面水, 营造了良好的用餐环境。

一般来讲, 餐饮建筑的选址遵循以下原则: 在一般规模的景观环境中, 餐饮建筑应当与各景点保持适当的距离, 避免抢景、压景而又能便于交通、联系。在中等规模的景观环境中, 餐饮建筑适宜布置在活动较集中的地方。建筑地段一般要交通方便、地势开阔以适应客流高峰需要, 同时有利于管理和供应。在规模较大的景观环境中, 一般采取分区设点, 结合总体布局形成一个完整的服务网, 使富有动态的餐饮服务区和景观环境中的其他宁静的游览区交替出现, 营造富有节奏的景观空间序列。

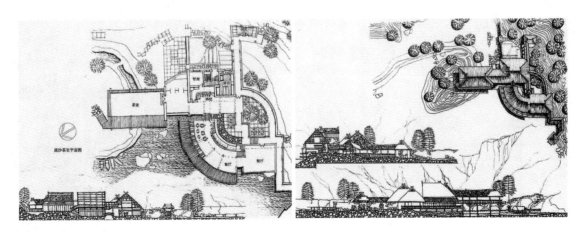

图3-4 江南村落餐厅

（2）建筑造型与空间组织

餐饮类建筑餐厅一般小规模的客容量约为200~300座，建筑面积在500m²以内；中等规模的容量约为600座，建筑面积约为800m²以内；大规模的餐饮建筑往往在1000座以上，面积超过1500m²。一般来讲，中等规模的餐饮类建筑体量多为2~3层。因此，在进行建筑设计时，应根据不同地区的气候特点，不同环境的具体情况，因地制宜，结合功能要求仔细推敲建筑造型与空间组织，以创造出较为丰富的建筑造型与空间组织。

3.1.1.4　实例分析：Trollwall餐厅

挪威西部Trollwall悬崖是众多定点跳伞以及自由跳伞爱好者的喜爱之地，因此悬崖脚下是修建服务信息中心的最佳场所。Trollwall餐厅设计通过简约的设计手法，别具特色的屋顶造型及餐厅大面积的落地玻璃，使建筑有机地融入到当地的自然景观之中，既彰显了周围山川的壮丽雄奇，又增强了游客在用餐时观赏景致的舒适度与亲切感（图3-5）。

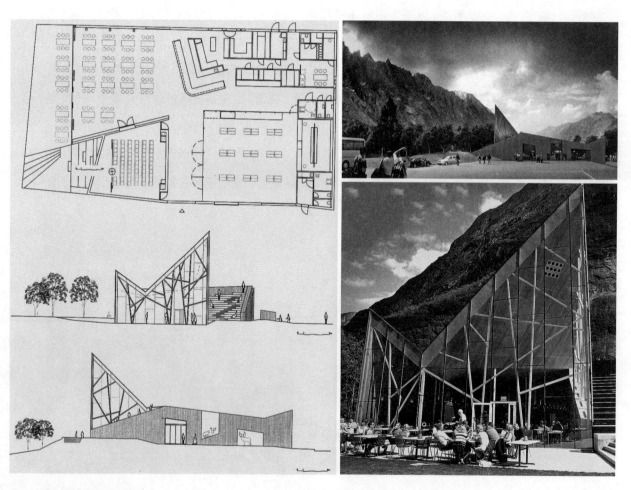

图3-5　挪威西部Trollwall餐厅

3.1.2 旅馆建筑❷

旅馆是综合性的公共建筑物，其分类按建造地点、使用目的、经营方式、建筑类型等有各自不同的分类方法，尽管如此，不同类型的旅馆，要为客人提供住宿、餐饮、娱乐、健身、会议、购物等服务是相同的，仅在等级、规模上有所差别而已（我们主要讨论建造在风景区、度假区的旅馆）。

旅馆的等级按国际惯例均采用星级制，一般按五星级划分，星级越多级别越高。其划分标志：硬件条件、舒适程度、客房投资、客房面积等指标。只是各个国家星级评定的内容大同小异。

旅馆的规模通常以客房数来衡量（有些国家以床位数来衡量）。在我国200间以下为小型，200~500间为大型，超过1000间为特大型。

3.1.2.1 旅馆功能组成与功能分析

（1）旅馆的功能组成

现代旅馆不论类型、规模、等级如何，其最基本的功能组成部分包括入口接待、住宿、餐饮、公共活动、后勤服务管理五大部分（图3-6）。

如图3-7所示，我们可分析出旅馆功能设计的特点：

① 入口接待部分包括大厅、总服务台及前台管理、商务中心、咖啡座、堂吧等内容。

② 住宿部分是旅馆主要功能所在，主要指客房层及其配套的服务设施。

③ 餐饮部分包括各式餐厅及厨房、宴会厅、各种冷热饮厅、风味小吃等。

④ 公共活动部分是旅馆最庞杂的功能内容，主要包括：

a）商业部分（各类商店营业厅、购物中心等）；

b）健身部分（游泳池、各类球场、球室、健身房、桑拿浴室、按摩室、美容美发室等）；

c）娱乐部分（舞厅、卡拉OK、电子游戏及其他娱乐设施等）；

d）会议部分（大、中、小会议厅，兼做会议厅的多功能厅等）；

⑤ 后勤服务管理部分主要包括：

a）行政办公部分（总经理、部门经理、营销部、客房部、餐饮部、宴会部、商场部、公关部、人事部、保安部、会计部、监察部、供应服务部等）；

b）员工生活部分（员工更衣厕浴、员工餐厅、员工休息室等）；

---

❷ 这部分内容根据《建筑设计资料集》（第2版）第4页的内容归纳整理.

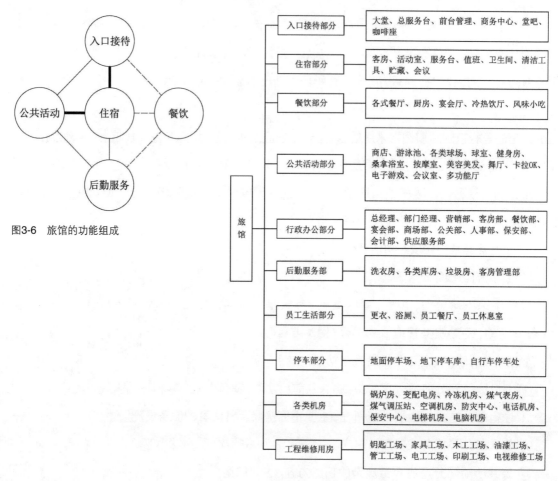

图3-6　旅馆的功能组成

图3-7　旅馆功能设计的特点

c)后勤服务部(洗衣房、各类库房、垃圾房、客房管理部等);

⑥ 停车部分包括地面停车、地下车库、自行车停车处。

⑦ 机房与工程维修部分包括:

a)各类机房(锅炉房、变配电室、冷冻机房、煤气表房与煤气调压站、空调机房、防灾中心、保安中心、电话机房、电梯机房、电脑机房、闭路电视与公共天线机房等);

b)工程维修用房(钥匙工场、家具工场、木工工场、油漆工场、管工工场、电工工场、印刷工场、电视修理工场等)。

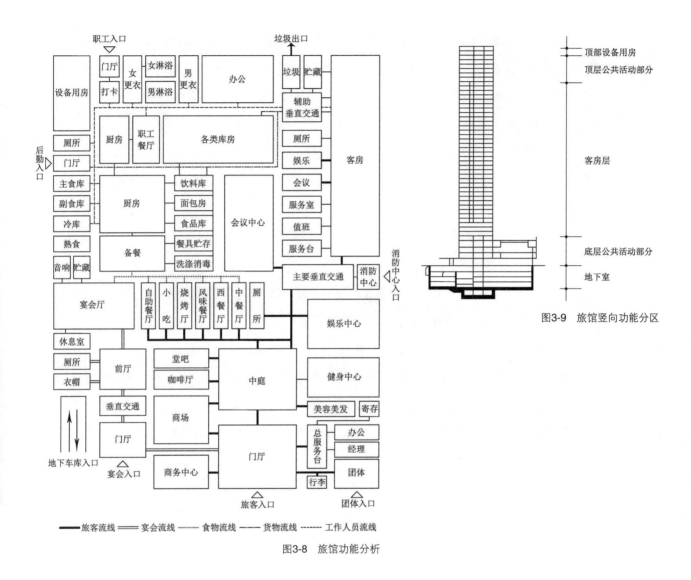

图3-9 旅馆竖向功能分区

图3-8 旅馆功能分析

（2）旅馆功能分析

旅馆如此庞杂的功能组成不可能在平面上展开布局，其功能分析有如下特点（图3-8）：

① 更强调竖向功能布局的合理性，旅馆各功能部分是在竖向上进行有机联系的。按一般的规律，旅馆自下而上的功能布局依次是：地下室后勤服务管理部分与车库；底层公共活动部分；客房层；顶层公共部分；顶层设备部分（图3-9）。其中底层公共活动部分因其功能内容较多，在竖向布局上也有其规律，一般而言自下而上的功能布局依次是入口接待、商店等部分；餐饮部分；康乐部分；会议部分。

② 各功能部分通至一层的对外出口至少包含：旅客出入口、宴会厅出入口、服务出入口、职工出入口、消防出入口等。这些出入口在总平面上要各自分开，互不干扰，都要与总平面交通有密切联系。

③ 客房标准层是旅馆的核心部分,平面形式、功能布局直接影响到一层的平面布置和结构柱网的合理确定,或者说客房标准层的平面布局也受到一层平面设计构思的制约。

④ 底层大堂是旅馆公共部分的枢纽,对外要与主入口有密切方便的联系,对内要环以各公共用房,形成共享大厅。

(3)旅馆的流线分析

旅馆的流线从水平到竖向可分为:客人流线、服务流线、物品流线和情报流线四大系统。

① 流线设计的原则:客人流线与服务流线互不干扰,客人流线要直接明了、物品流线要隐蔽通畅、服务流线要短捷高效、情报信息流线要快而准确。

② 客人流线要使住宿客人、宴会客人、外来客人三种人流分开,而住宿客人又有散客与团队客人之分,两者最好从主入口就分开。宴会客人应有单独的出入口,并应有过渡空间与大堂及公共活动、餐饮设施相连,以便与住宿客人流线不相混(图3-10)。

③ 服务流线按工作流程进行,有专用通道,自始至终与客人流线不交叉。

④ 物品流线严格按防疫部门规定,洁污分流、生熟分流。垃圾从收集、分类、清洗或冷冻到处理的路线不可对其他部门有影响。

⑤ 情报信息流线是由电脑与各场所的终端机及连接两者的通讯电缆构成,其流线要保证通畅。

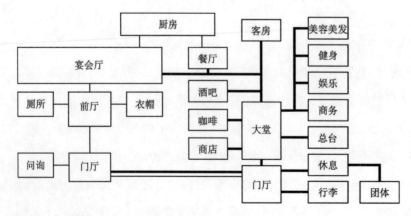

图3-10 客人流线

3.1.2.2 旅馆建筑设计主要相关规范（JGJ 62—2014）

（1）总平面

① 主要入口必须明显，并能引导旅客直接到达大厅。主要入口应根据使用要求设置单车道或多车道，入口车道上方宜设雨棚。

② 不论采用何种建筑形式，均应合理划分旅馆建筑的功能分区，组织各种出入口，使人流、货流、车流互不交叉。

③ 应根据所需停放车辆的车型及数量在用地内或建筑物内设置停车空间。

（2）建筑设计

① 室内应尽量利用天然采光。

② 客房居住部分净高当设空调时不应低于2.4m，不设空调时不应低于2.6m。

③ 相邻客房之间的阳台不应连通。

④ 门厅内交通流线及服务分区应明确，对团体客人及其行李等，可根据需要采取分流措施。总服务台位置应明显。

⑤ 大中型会议室不应设在客房层。

⑥ 商店的位置、出入口应考虑旅客的方便，并避免噪声对客房的干扰。

3.1.2.3 建筑选址与建筑设计

作为风景区或旅游度假区的旅馆选址，一般利用所处地块的优势，如大海、山林等。旅馆建筑的总平面布置一般来讲可分为三种形式：

① 分散式。客房、公共活动、辅助服务各部分分散布置，各自单栋独立，形成低层客房与公共活动部分小建筑掩映在景观环境中的景观格局。

② 水平集中式。客房、公共活动、辅助服务相对集中，在水平向集中，形成多层客房与低层公共活动部分以廊水平联系并围合内庭院的景观格局。

③ 集中竖向式。客房、公共活动、辅助服务全部集中在一栋楼内，上下叠合，形成多、高层旅馆及旅馆的总体景观与周边环境相融合的景观格局。

在进行建筑设计时，除了满足旅馆的功能要求外，建筑本身应作为风景要素来考虑，使之与周围的地形地貌相适应，与山海、岩石、草木、古迹和远景等融合为一体，构成优美的景色。一般来讲，建于风景区的旅馆建筑形式选择与当地民居相同的形式，既省时省力，又比较好结合景观，或者是使用大量的玻璃幕墙，将周围的景观通过玻璃的反射使建筑融入自然。

图3-11　传统木结构老民居
图3-12　杭州灵隐景区法云古村

3.1.2.4　实例分析

（1）浙江杭州灵隐景区法云古村改造设计

法云古村位于杭州市灵隐区法云弄，村落周边包括灵隐寺、永福寺和韬光寺在内的7 座历史悠久的佛教寺庙，古村林木葱郁，场地错落多变。设计改造前，村落杂乱无章的低层高密度新式民居建筑的生硬突兀和环境的无序管理，已经使得整个村落成为景区景观的负面因素，场地中，有几幢1950年就被收录于《浙江民居》一书的传统木结构老民居（图3-11）。

从法云古村数百年有记载的历史来看，文人隐士流连驻足乃至归隐其中者不乏其人，因而也使得这片山林村舍浸透着山林隐逸的话题；从景观格局来看，法云古村是灵隐寺飞来峰的名

图3-13　起伏交融并渗透的效果

山寺院山林景观的延续，山林水石的情趣为勾画村落风貌气质、构筑山林隐逸的景观主题提供了理想的条件（图3-12）。

　　法云古村场地内外文化要素的关系以及场地的自然条件，决定了法云古村以"山林隐逸"为它整体环境的叙事主题，在融入灵隐诸寺及飞来峰的佛教文化叙事主题的同时，丰富完善灵隐景区文化叙事的结构内容。沿上香古道的线性序列是空间组织的骨干，通过交错断续的建筑立面、高低错落的旧石坎墙，乃至丰富的植物的形态与势态对道路空间由立面到顶面的影响，整体构成了虚实相间、散淡而不破碎的审美趣味。而各建筑组团内部，质朴的民居建筑展现的不同角度的形象、夯土或山阴石围墙和因地势错落变化而形成的坎墙与绿篱等元素，以丰富多变的组合给人独特的、有异于寻常生活经验的山地村落环境的体验。建筑的选址布局尽量利用原有宅基地，又强调对自然环境条件和景观资源的利用。建筑形式采用杭州传统的山地民居，通过木结构、夯土墙等传统建造材料和形式的运用以及顺应地形变化的建筑形体组织，使建筑群体的势态与山林的层次，产生起伏交融并渗透的效果（图3-13）。

　　法云古村改造设计对场地环境最小干预的理念进行文化景观的修复性整治，托借传统山村的形态完成对传统郊野自然式文人隐逸园林的意会式的演绎，以最常规的素材和不着痕迹的形式语言，来状写对尘外之致的品格与内涵的追求与向往。2009年世界小型豪华酒店的顶级品牌安缦酒店的入驻营业，成为杭州吸引全球高端休闲度假消费的一个亮点。

　　（2）Juvet景观酒店

　　Juvet景观酒店位于挪威西北部的范道尔，建筑用地周边森林茂密，Gudsbrand瀑布形成的河流蜿蜒流经。为了对建设用地的自然景观进行充分的挖掘和开发，并将其对环境的影响降至

图3-14 Juvet景观酒店

最低,设计师没有采用传统酒店将所有的客房并置于一栋大楼中的做法,而是将客房以独立小屋的形式分散于场地的各个角落。每间小屋的1~2面墙完全由玻璃制成,通过仔细定位,人们在每一个房间都能欣赏到一片属于自己的独特景致,使建筑与自然景观互为融合(图3-14)。

(3)溧阳中欧论坛独立式别墅酒店

溧阳中欧论坛独立式别墅酒店基地位于江苏溧阳市郊区的山地中,一面临天目湖,是块依山傍水风景优美的山地,具有独特的自然景观。

山地景观建筑规划尊重原始地形并加以合理利用改造,因山借势。设计师通过对建设场地的分析,综合考虑景观、朝向、通风、地质等因素,将酒店布置尽量避开现有植被及主要景观区,选择建造在山腰间适宜的建设坡地上,酒店采用小体量并控制其间距,这样的建筑处理手法保持了周围山体的原有轮廓线,融于整个山水长卷中的独立式别墅酒店,犹如国画中的点睛之笔(图3-15)。

图3-15　溧阳中欧论坛独立式别墅酒店

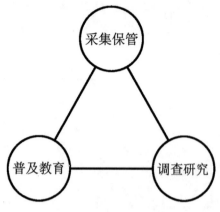

图3-16　博物馆三大职能

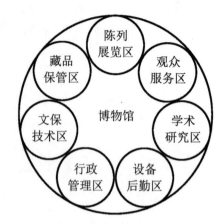

图3-17　博物馆功能构成

3.1.3 博览建筑❸

博览建筑类型包括各类博物馆、各式展览馆以及其他规模大小不等的陈列馆展览中心等。

博物馆是"对人类和人类环境的见证物进行搜集、保护、研究、传播和展览"的机构，它具有采集保管、调查研究、普及教育三大基本职能（图3-16）。

博物馆按建筑规模可分为：大型馆（面积≥10000m²）、中型馆（面积4000~10000m²）、小型馆（面积≤4000m²）。

博物馆按展出的内容不同可分为：综合博物馆（如地方志博物馆）、社会历史类博物馆（如民俗博物馆、美术博物馆等）、自然科学类博物馆（如地质博物馆、植物学博物馆等）。由于各类博物馆的性质、规模差别较大，建筑组成各有所侧重。

展览馆是展出临时性陈列品的公共建筑。展览馆通过实物、照片、模型、电影、电视、广播等宣传手段传递信息，促进发展与交流。

展览馆按展出规模可分为：国际博览会（总建筑面积：100000~300000m²）、国家级或国际性展览馆（总建筑面积：35000~100000m²）、省级展览馆（总建筑面积：10000~35000m²）、地级市展览馆（总建筑面积：2000~10000m²）、展览（陈列）室（总建筑面积：200~500m²）、其他展览设施（面积不定）。

展览馆按展出性质不同可分为：专业性展览馆（展出内容局限于某类活动范围，如工业、农业、贸易、交通、科技、文艺等）、综合性展览馆（可供多种内容分期或同时展出）、国际博览会（展出许多国家的产品和技术品，也是各参展国最近建筑技术与艺术的展示）。

---

❸ 这部分内容根据《建筑设计资料集》（第2版）第4页内容归纳整理.

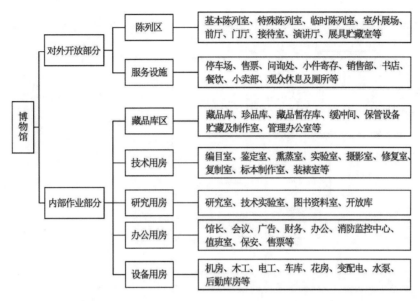

图3-18　七个功能分区

从上述对博物馆、展览馆的定义及性质的描述中，我们可以看出他们在功能上都存在参观流线的组织设计，下面我们通过阐述博物馆的建筑设计方法，了解博览类建筑的设计要点。

3.1.3.1　博物馆功能组成与功能分析

（1）博物的功能组成

博物馆最基本的组成部分：陈列区、藏品库区、技术和办公用房区、观众服务区等七部分（图3-17）。这七个功能分区又各自包含着相应的房间组成（图3-18）。根据不同规模、不同性质的博物馆，其房间组成还会有增减。如特大型博物馆，还有图书资料区、安全保卫区、对外服务区等。而小的博物馆功能组成可能只有二三个区。

（2）博物馆功能分析

在上述博物馆的七个功能区中，展览陈列区是核心部分，并与观众服务设施部分构成对外开放部分；而展品库房、行政用房、设备辅助用房构成了内部作业部分并服务于对外开放部分。

（3）博物馆建筑流线分析（图3-19）

① 从图中我们可看出博物馆可分为：一般观众流线、专业人员流线、行政管理流线、藏品流线。它们各自有单独的出入口与外界联系。

② 一般观众流线和专业人员流线以及他们所联系的房间属于对公众开放的区域，应布局在展览馆建筑的前区，接近展览馆主要出入口。

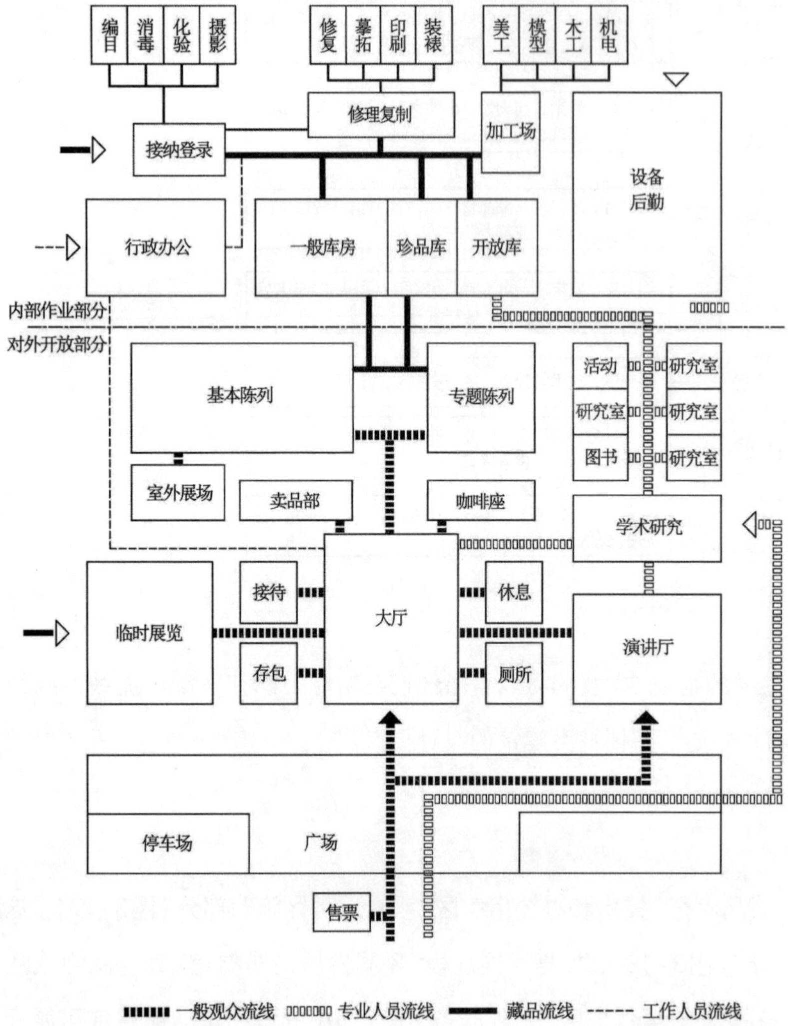

图3-19 博物馆流线分析示意

③ 藏品流线和行政管理流线以及他们所联系的房间属于馆内作业区,应布置在展览馆的后区,与观众流线隔开。

④ 前区的展览陈列与后区的展品库房应尽可能靠近,使展品运输流线短捷。

3.1.3.2 博物馆建筑设计主要相关规范(JGJ 66—2015)

(1)总平面

馆区内应功能分区明确,室外场地和道路布置应便于观众活动集散和藏品装卸运送。

(2)建筑设计

① 陈列室的面积、分间应符合灵活布置展品的要求,每一陈列主题的展线长度不宜大于300m。

② 陈列室单跨时的跨度不宜小于8m,多跨时的柱距不宜小于7m。

③ 陈列室的室内净高除工艺、空间、视距等有特殊要求的外,应为3.5~5.0m。

3.1.3.3 建筑选址与建筑设计

风景区或度假区的博物馆建筑,其展出内容一般为社会历史类或自然科技类,建筑规模多为小型馆。建筑选址除了应满足博物馆建筑的总平面要求外,还应根据展出的内容来确定,如地质博物馆,则应选在有典型地质特征的地段来建设。

陈列室是博物馆设计的核心部分,陈列室的流线设计涉及陈列区各陈列厅的布置形式,一般来讲,陈列厅的布置有三种形式:

① 串联式。参观路线连贯,方向单一,国内多为顺时针进行(图3-20)。适合连续性强的展出,如历史博物馆。

② 放射式。各陈列室环绕放射枢纽(大厅、共享空间)布置,观众参观完一个或一组陈列室后,回到放射枢纽,再到其他陈列室(图3-21)。适合观众选择性参观,如美术馆。

③ 大厅式。利用大厅综合展出或灵活分隔成小空间,布展灵活、流线自由(图3-22),如展览中心。

上述各陈列方式其人流组织要合理、路线要简洁,防止逆行和阻塞。作为景观建筑的博物馆设计,不仅在内部功能上要符合博物馆的设计要求,同时其自身也应成为展览品与建设环境有机融合。

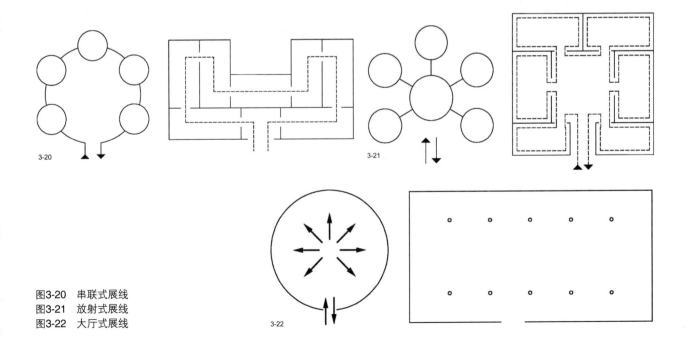

图3-20　串联式展线
图3-21　放射式展线
图3-22　大厅式展线

3.1.3.4 实例分析

（1）王屋山世界地质公园博物馆

王屋山世界地质公园博物馆位于天坛山主景区内，用地为一面向西南的坡地。景区内主要交通道路沿南面山谷蜿蜒经过，场地窄小，竖向复杂（图3-23），针对地形特点，设计将建筑体量"化整为零"——把博物馆各功能空间打散分置于各台地之上，这样既满足了地质学家提出的按年代分设展馆的要求，又创造出丰富的户外空间，同时减少填、挖土方量（图3-24）。博物馆立面形态启发来源于25亿年前的元古宙，原始陆块形成的地质构造遗迹，当地盛产石料的色彩成为了博物馆立面色彩的定位。景观设计充分尊重周边自然环境，保留场地中原有的大型乔木，使得博物馆一经建成便立即形成了与自然相融合的景观（图3-25）。这一顺应自然的建筑设计，使得建筑、自然景观、室内及艺术展示得以有机融合，形成了具有生态和人文相互辉映特色的综合型地质公园。

（2）日本兵库县木材博物馆

博物馆位于兵库县的一座山林之中，四周森林茂密，自然环境优美。在尽一切可能以不破坏现有的森林植被为原则的设计指导思想下，博物馆采用纯净的几何构图手法：一座桥直穿建筑，越过池沼，向外延长200m，最后导向一个可观赏四周森林景观的观景平台上，让人们在树丛环绕的山林里，自然而然地走进博物馆。展览空间环绕着中庭，参观者沿着坡道缓缓而下，欣赏展品之余，还能享受被环形建筑所框进的圆形天空景色。这种简练的设计手法，创造出直接的自然空间效果，建筑灵活地将自然景观融进自己，既体现了对博物馆建设主旨的回应，也体现了对周边环境的尊重（图3-26）。

（3）小农具陈列馆

小农具陈列馆主要是用来展览江南传统的农业工具如犁、耙、水车、脱谷用的风车等。通过这种展出，将会使人进一步了解江南一带昔日农业生产的旧貌。为了体现展出内容的特点，陈列馆从布局到形式都刻意模仿农舍的形式：即采用分散式的布局，但分散之中又力求出现秩序与变化。考虑到昔日农家的小农具通常也不是放在正室住屋之内，而是放在附属用房或披檐、敞廊之中，建筑物设计成半封闭、半开敞的形式，建筑周边的围墙、篱笆等小品的配置，增强了自然、质朴和村野、田园情趣，成为农家乐民俗旅游的新亮点（图3-27）。

图3-23　王屋山世界地质公园博物馆
图3-24　王屋山世界地质公园博物馆功能空间
图3-25　王屋山世界地质公园博物馆立面形态
图3-26　兵库县木材博物馆
图3-27　小农具陈列馆

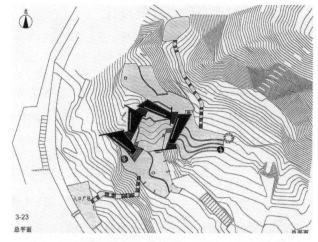

3-23
总平面

3-24

3-25

3-26a

3-26b

3-27

3.2　管理类景观建筑设计

3.2.1　入口景观建筑

入口景观建筑不仅起到围合、标示与划分组织空间，控制人流、车流出入与集散的作用，其本身还具有装饰性、观赏性，成为景观环境中的标志和象征。

3.2.1.1　入口景观建筑的功能

入口即传统中的门阙，与墙垣同步而生，是空间的转折点，也是景观形象的代言。入口建筑在景观设计中以其本身的功能和优美的形式构成景观环境中具有观赏内容的独立单元，景观意境的空间构思与创造往往又通过它们作为空间的分隔、立意来增加变化，它们在景观环境中的体量不大，但在营造景观艺术境界上是举足轻重的。例如，昆明西山"龙门"牌坊（图3-28），在悬崖绝壁上的登山石廊咽喉处，凭险凿出"龙门"石牌坊，在功能上是登山长廊达"龙门胜景"的过厅，成为游人小憩的场所，由于它的位置选择与造型处理都很成功，使之不仅成为西山绝壁一景，而且也是龙门胜景的主要象征。

3.2.1.2　入口景观建筑的类型

入口景观建筑类型的划分方法有很多种，按入口的使用功能可分为：主入口、次入口、混合

图3-28　昆明西山"龙门"牌坊

图3-29　入口景观建筑（一）
图3-30　入口景观建筑（二）
图3-31　入口景观建筑（三）
图3-32　入口景观建筑（四）

入口等；按传统的入口的形式可分为：门楼式、山门式、牌坊式、阙式、院门式等。除去建筑和构筑物形式的实体门，还有暗示性的入口领域性大门，一般通过石、碑、标牌，配合地形环境处理，营造出强烈的领域分界线的氛围（图3-29至图3-32）。

3.2.1.3　入口景观建筑设计要点

（1）出入口的人流、车流组织

入口景观建筑在组织景区出入口空间时，既是城市环境与景区之间的空间过渡及交通缓冲，又是人们游赏景区空间的开始，因此，在空间上起着由城市到景区的过渡、引导、预示、对比等作用。在设计时，首先要考虑人流、车流组织，根据景区位置，与周围道路取得良好的关系，使人、车分流，避免造成混乱；其次，要靠近人的主要活动区，使人流、车流方便出入，集散安全迅速，使大门和整个景区保持有机联系，成为空间的组成部分。一般来说，人流量不大的小型公园或大型公园的次要入口、专用门可设计成人流、车流不分的入口形式；以人流为主、车流较少的游览性公园人流、车流宜分开设置；对于车流较多的风景区或公园，则应人流、车流分开设置，便于对不同流线的管理；出入口对称布置，大小出入口分开，中轴两侧设同样内容，适用于大型公园。一般从功能管理上并无对称需要，主要是形式上服从对称的要求。出入口的尺度主要根据人流、自行车和机动车通行宽度来确定，见表3-1。

表3-1　出入口尺度

使用状态	宽度（mm）
单股人流	600~650
双股人流	1200~1300
三股人流	1800~1900
自行车推行	1200
小推车推行	1200

（2）入口空间处理及造型设计

景区入口空间一般是由出入口内、外广场组成，从物质功能上作为人流停留、缓冲及交通集散等用，从精神需要上作为人们对景观空间美的欣赏。景区入口空间是一连串景观空间序列的开端，也是游览导向的起点，因此在入口空间处理上，根据景区的规划意图、性质、规模、场地条件，将入口空间组合成与景区形式相适宜的一组空间序列，组成具有美感的空间效果。例如，西双版纳景真避暑山庄的入口组织，利用场地的水体元素，在大门两侧设置渡桥，突出了场地中心的白象雕塑及入口建筑，广场空间的组织，很好地展示了集傣族文化、宗教思想、神话传说等特征为一体的入口艺术形象（图3-33）。

彻德峡谷入口的景观建筑设计，利用基地条件（图3-34），在崖洞入口的两侧插入了两座前面呈半圆形的建筑，其他部分利用高差，依山体设置，呈两层退台布置。二层的水池正好位于一层能容纳四百人的餐厅的屋顶上，屋顶覆盖着透明的玻璃材料，室内用餐的人可以看到池中的金鱼。整个建筑尺度亲切宜人，嵌入山凹的建筑，突出了背后庞大的岩洞，导出了由自然巨石组成的景区入口，体现出自然景观的环境特点，给人们留下深刻的印象。

通过上面的阐述，我们可以看出，入口景观建筑的构成无论是以自然为主或以人工构成为主，均要根据入口周围的实际环境，从整体出发去考虑空间组织及建筑形象，保证顺畅的通行功能、在材质与色彩上与周围环境协调。

图3-33　西双版纳景真避暑山庄入口
图3-34　彻德峡谷入口

3.2.1.4　实例分析

（1）世界自然遗产乃古石林之"门"

乃古石林距世界自然遗产石林景区8km，规划乃古石林景区入口处，由一主两辅的天然石峰群构成奇特

图3-35 乃古石林之"门"
图3-36 乃古石林之"门"实景手绘

优美、标识性强的自然之门（图3-35）。

　　在世界自然遗产地建造用于旅游接待的围栏、售票、检票、管理、休息等人工设施虽属必要，但对原生态的环境和自然景观总有所损伤。如何严格保护自然界的原生态，最大限度排除人工、人为的痕迹，为游览者创造一个自由自在、无所干扰地滞留观赏的环境，以铭记天然奇观的第一印象。基于这样的设计指导思想，一个口部景观建筑成为隐形的最佳"配角"的方案渐渐成型。设计师以石峰前60~70m纵深的缓坡地作为自然之门的前空间——不加修饰的原野场地，即检票口后第一观赏活动场地，场地的外沿半挖半填形成2.0m上下形态自然的沟壑并植野生荆棘灌草，替代围栏，限定景区内外，形成口部广场，其空间敞向石峰群。必要的售票、检票、等候休息、口部管理建筑，离开石峰群紧贴栗树林布置，面向景区的建筑界面作覆土斜面，植野生灌草，使建筑隐融于田野之中，无门胜有门（图3-36）。

　　（2）泸西阿庐古洞入口景观建筑

　　泸西阿庐古洞拥有宛若仙境的岩溶地貌地下溶洞景观，但洞外自然景观环境却难如人意——平庸的洞口在小山腰上，四周是荒山、荒坡、田埂、河沟和一间破庙。

　　作为风景旅游区的景观建筑，其建筑角色应属主景区和自然景观的配角，使之能与自然环境有机结合。依据这一设计思想，在充分利用现状条件的基础上，景区入口空间采取将桥作门，两侧辅以空廊，使路、桥、廊、河构成一体，淡化了习惯中的大门形态，使之成为没有园内园外之分的河上小筑。在"大门"外的回车场，为增强游览所需的识别性、导向性和改善空间，设一似枋非枋的标志，增加识别性（图3-37）。由于洞口过于隐蔽，为了加强入口空间的导向性，增设爬山廊，为避免破坏山体和周围植被，保留原有狭窄的山道不予拓宽，廊的结构形式采用单排柱，将横梁自由伸长锲入山岩和山体"拉扯"成为一体，使其空透、稳定。在高地挡土墙上的明代石碑上，加一顶盖，依据地形将屋面设计为不等斜面，支撑构件的斜梁、地梁穿插"咬"在厚实高耸的挡土墙上，使"锲入"山体的亭成为爬山廊端的句号。保留现状河沟上的小桥，不影响施工时小桥的通行，在现有的小桥上，设置与桥脱开的风雨棚，嵌入水中的棚不受桥体约束，可按照景区景观环境，设计成为主游路对景，形成空灵飘逸、形影涟漪、层次丰富的入口景观建筑建筑群（图3-38）。

（3）辽宁省医巫闾山山门

辽宁省北镇市境内的医巫闾山，被历代帝王视为风水宝地。辽代，有六位皇帝先后四十多次来闾山狩猎、祭山、祭祖。作为这样的一座历史名山，建一个什么样的山门体现闾山悠久历史成为了设计师面对的棘手问题。经过许多摸索、改进，一个由4块钢筋混凝土板片组成的硕大"立体构成"的山门出现在人们眼前（图3-39）。中间虚空部分的边缘呈现出著名辽代建筑遗物——我国现存最早庑殿式山门蓟县独乐寺山门的轮廓，4片斜置的钢筋混凝土板的位置同传统庑殿的4道斜脊相应，采用了底图倒转，虚实相生的造型方法，呈现出一个虚的辽代建筑剪影（图3-40至图3-42）。山门景观建筑在空间处理与环境意识上取得人工与自然的和谐，给人一种望远山气势雄伟壮丽，看山门虽由人作，却宛自天开的意境。山门别具一格的艺术特色成为入口景观建筑设计的一个优秀作品。

3.2.2 办公管理

在风景区或度假区内的办公管理类用房主要包括办公、会议室、广播站、职工宿舍、职工食堂、医疗卫生、治安保卫变电室、污水处理场等设施。

3.2.2.1 办公管理建筑的类型

① 附属型。景区规模不大时，办公管理用房可以依附于其他景观建筑共同组成。如与入口景观大门共同构筑。

② 分离型。景区规模不大时，办公管理用房可以建在其他景观建筑旁，配合其他景观建筑

图3-37   泸西阿庐古洞入口示意
图3-38   泸西阿庐古洞入口建筑

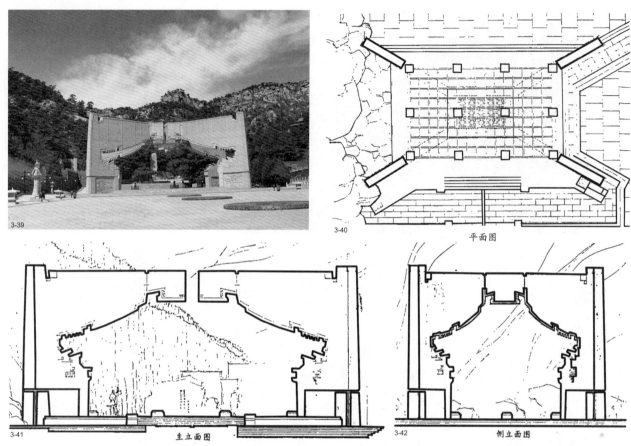

图3-39　辽宁省医巫闾山山门
图3-40　辽宁省医巫闾山山门平面
图3-41　辽宁省医巫闾山山门主立面
图3-42　辽宁省医巫闾山山门侧立面

一起使用。

③ 独立型。景区规模较大时,根据景区的规模、性质,选择适当的位置,按一定的比例合理配置独立的办公管理用房。

3.2.2.2 办公管理建筑的设计要点

办公管理建筑一般由对外用房区和对内用房区两部分组成,对外用房主要包括:广播室、治安保卫室、医疗室、管理室等,对外用房应该靠门厅入口附近设置,方便游客来访及便于管理、维护公园秩序。对内用房主要包括:办公室、会议室、职工宿舍、职工食堂、变电室等,对内服务用房只服务于公园内部工作人员,一般靠建筑内侧的小门厅布置。

办公管理建筑的交通流线较为简单,一般有人流和货流两股交通流线。货流出入口主要是为职工食堂提供货物的专用出入口,一般人流就从建筑主要出入口进出。如果办公管理建筑不

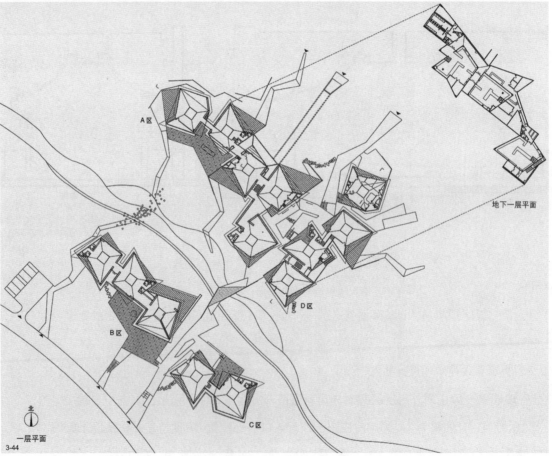

图3-43　西安世界园艺博览会灞上人家服务区实景
图3-44　西安世界园艺博览会灞上人家服务区平面

设职工食堂或规模不大时,可人流、货流合并,不设单独的货流出入口。

3.2.2.3 实例分析:西安世界园艺博览会灞上人家服务区

服务区主要解决世园会游客餐饮、休憩、购物及部分医疗救护等功能,在对设计场地条件分析的基础上,以4m×4m的小尺度网格控制整个基地,将12m²、似曾相识的14个建筑单元,围绕溪流,随坡就势,步移景异,自然分布,创造出很多建筑与自然要素相互穿插,有开有合,或静或动的小尺度空间,邀人们驻足沉思、交谈或聚会,营造一种具有中国山水美学情趣的田园意境。该服务区建筑设计,在充分尊重自然的条件下,以"保景"和"借景"为主,使现状地形得以保护,现有树木得以保留,营造一种贴近自然,富于生活情趣的郊野气息(图3-43,图3-44)。

3.3 游憩类景观建筑设计

游憩类景观建筑包括亭、廊、榭、舫、观景台等类型。这几类景观建筑既可独立成景,也可根据地形、功能组合成景,因此被广泛地应用在各种景观环境中,成为赏景、构景的景观元素。

3.3.1 亭

3.3.1.1 亭的功能

亭在景观建筑中,是一种具有悠久历史的建筑,隋朝以前,亭子多是为某种功能需要而设置的一种单体建筑,到隋唐之后,才逐渐转变成为观赏游览的点式景建筑物,以至形成"无亭不成园"的设计思想。亭作为园林建筑中的最基本的建筑单元,主要功能是为了满足人们在游览活动过程中驻足、休息、纳凉避雨和极目远眺的需要。其相对独立完整的建筑形象,是点式观景与造景的景观建筑。亭可成为构图中心,常以其独特的造型表达某种寓意,反映景观环境的风格与特征。

3.3.1.2 亭的类型

亭子的分类方法很多,主要有以下的几类:

(1)按功能分

① 休憩、遮阳、遮雨——传统亭,现代亭;

② 观赏游览——传统亭,现代亭;

③ 纪念,文物古迹——纪念亭,碑亭;

④ 交通,集散组织人流——站亭,路亭;

⑤ 骑水——廊亭，桥亭；

⑥ 倚水——楼台水亭；

⑦ 综合——多功能组合亭。

（2）按亭顶分

① 攒尖式。屋顶各脊由屋角集中到中央的小须弥座上，其上饰以宝顶，外形呈伞状。平面形式中，由三角、四角、多角形成的角攒表达向上、高峻、收集交汇的意境；圆形平面形成的圆攒表达向上、灵活、轻巧之感。

② 歇山。易于表达强化水平趋势的环境。

③ 卷棚。易于表现平远的气势。

④ 单檐。只有一层屋檐的亭子，它体态轻盈活泼、处置机动灵活，所以在景观环境中，得到广泛应用。亭子的造型主要取决于其平面形式和屋顶形式等。按平面形状可分为多角亭、圆形亭和异形亭等。

⑤ 重檐。由两层或两层以上屋檐所组成的亭子我们称之为"重檐亭"，它的造型和欣赏价值，都较单檐亭更上一层楼，如丽江黑龙潭公园得月楼三重檐攒尖顶结构，重檐建筑与黑龙潭的水景及玉龙雪山的山景结合，形成立体景观布局，更好地显示了重檐建筑的点缀作用（图3-45）。

图3-45 丽江黑龙潭公园得月楼

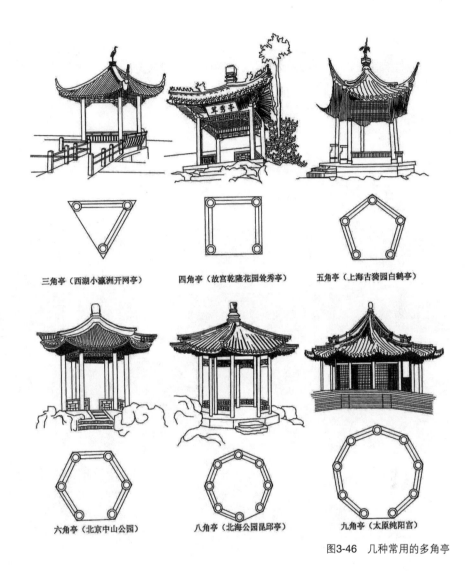

三角亭（西湖小瀛洲开网亭）　　四角亭（故宫乾隆花园耸秀亭）　　五角亭（上海古猗园白鹤亭）

六角亭（北京中山公园）　　八角亭（北海公园昆邱亭）　　九角亭（太原纯阳宫）

图3-46　几种常用的多角亭

（3）按平面形状分

① 多角亭。多角亭是景观建筑中，采用最为普遍的一种形式，它的水平投影，由若干个边所组成，一般多为正多边几何形，可做成三角、四角、五角、六角、八角等形式，个别为九角形的。三角形显得轻盈飘逸，四角形显得方正规矩，六、八角形显得安居稳重，这些形式可根据总体规划设计的需求灵活选用（图3-46）。

② 圆形亭。圆形亭是按水平投影圆形进行布置的亭子，圆是能结合天伦地理的象征，适合于多种场合（图3-47）。

③ 异形亭。异形亭是指除正多边形和圆形以外的其他形式，如扇形等，一般多用作在整体布局上，防止千篇

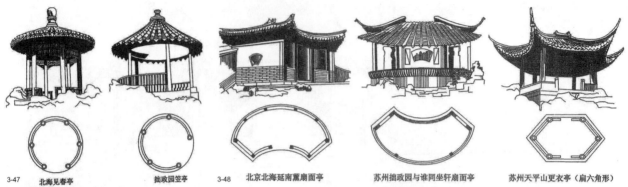

3-47 　北海见春亭　　　　　拙政园笠亭　　　3-48　北京北海延南薰扇面亭　　苏州拙政园与谁同坐轩扇面亭　　苏州天平山更衣亭（扁六角形）

图3-47　圆形亭
图3-48　异形亭
图3-49　砖、木结合亭
图3-50　金属亭
图3-51　砖石亭
图3-52　钢、玻璃亭

一律, 而有变异的穿插景观建筑, 主要在景观形态上起到变化的作用 (图3-48)。

(4) 按建筑材质分

木构亭、砖石亭、金属亭、玻璃亭等。近年来随着新材料、新结构、新工艺的不断涌现, 各种材料、形式的亭层出不穷, 亭的类型也不断丰富, 充分展现了时代精神和地方特色 (图3-49至图3-52)。

3.3.1.3 设计要点

(1) 选址

亭子位置的选择, 一方面是为了观景, 即供游人驻足休息, 眺望景色; 另一方面是为了点景, 即点缀风景。在水边、山巅不同情趣的自然环境, 均可置亭, 并没有固定不变的程式可循, 主要应满足观赏距离和观赏角度这两方面的要求。

① 山地建亭。山地建亭可使视野开阔, 适于登高远眺, 并能突破山形的天际线, 丰富山形轮廓, 为登山的游客提供了一个坐憩观赏的环境 (图3-53)。

② 临水建亭。在景观环境中, 水是重要的构成因素, 因此经常在水边设亭, 一方面是为了观赏水面的景色, 另一方面, 也可丰富水景效果。水面设亭, 一般来讲应尽量贴近水面, 亭子宜低不宜高, 三面或四面被水体环绕。如云南省大理崇胜寺的亭子, 三面临水, 一面由曲桥引入水中, 步入亭子观三塔, 不仅有好的观赏角度, 同时也增加了景区景观的空间层次 (图3-54)。

③ 平地建亭。平地建亭更多的是赋予其休息、纳凉、游览之用, 亭通常位于道路交叉口上或路侧的林荫之间, 有时为一片花木山石所环绕, 形成一个小的私密空间; 有时位于厅堂廊室与建筑的一侧, 供户外活动之用; 还有的在自然风景区进入主要景区前, 在路边或路中筑亭, 作为一种标志和点缀 (图3-55)。

(2) 造型设计

亭子有着多种风格形式, 在设计时要因地制宜地进行设计。

① 在有历史遗迹的地方, 可适当地修建传统式样的亭, 但不宜过多。

② 在注重绿化效果的地方, 可使用木结构亭或茅草亭, 达到追求自然生态的效果 (图3-56), 也可直接利用植物搭建亭子, 增加自然风景的趣味 (图3-57)。

③ 在周边建筑比较多的景观区域内 (如居住区), 为了不给人拥挤的感觉, 亭子的体量应尽量小巧、精致、适合人体的尺度, 并与周边的环境融合在一起。

④ 亭子的造型可以大胆地突破常规, 来表达景观设计上的创新。如新加坡榜鹅海滩散步长

图3-53　山地建亭
图3-54　临水建亭
图3-55　平地建亭
图3-56　茅草亭
图3-57　植物建亭
图3-58　新加坡榜鹅海滩散步长廊半封闭凉亭

廊半封闭凉亭，由铝包层的钢质结构组成，以翻滚的海浪和海螺的外形为原型，其充满动感的旋涡形设计，既为人们提供了休憩的场所，又与自然滨水景观完美地融合在一起（图3-58）。

（3）传统亭子平面柱网

中国园林建筑中的亭子，其平面柱网布置，一般都是按正规的平面几何形状进行布置，一般来讲，亭的体量随柱的增多而增加，总的可分为独立形平面和组合形平面两大类。

① 独立形亭子的平面柱网。独立形亭子平面的柱网，在园林建筑中用得最多，常用的形式有：正多边（三、四、五、六、八、九边）形、矩形、圆形、扇形等（图3-59）。

a）独立亭平面尺寸的确定。独立形亭子的平面尺寸，是指亭子的通面阔和进深尺寸。园林建筑中的亭子，一般应根据地理环境有所区别，对于基地环境宽阔，观赏视距较远的空间，应选择较大的平面尺寸；而对于基地环境狭窄，观赏视距较近的空间，则应选择较小的平面尺寸。

正多边形和圆形平面的"通面阔×通进深"尺寸，可按下述范围灵活取定：

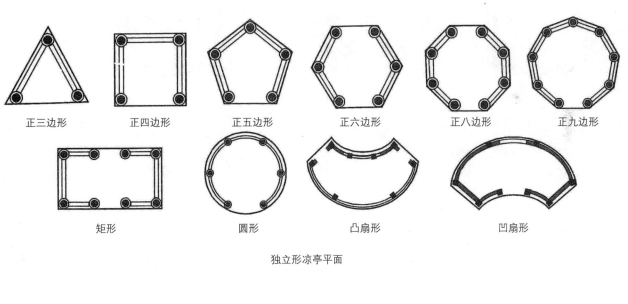

| 正三边形 | 正四边形 | 正五边形 | 正六边形 | 正八边形 | 正九边形 |

| 矩形 | 圆形 | 凸扇形 | 凹扇形 |

独立形凉亭平面

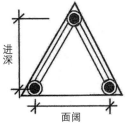
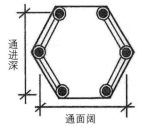
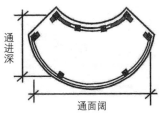

图3-59　独立形亭子平面

旷大空间的控制尺寸为：6m×6m~9m×9m；

中型空间的控制尺寸为：4m×4m~6m×6m；

小型空间的控制尺寸为：2m×2m~4m×4m。

矩形和扇形平面的尺寸，可按，通进深：通面阔=1：1.5~3的比值进行确定。

具体确定尺寸时应按现场情况，首先根据面阔要求，选取柱间距离和平面形状，再权衡其规模大小而定。

b）独立单檐亭柱网的布置。亭子的柱网布置，是指柱子根数及其排列。柱子根数与排列，应根据所选取的平面形状而定，一般来讲，正多边形平面的柱子，按邻边之间的交角来设置；圆形平面的柱子，可按圆的内接正五边形、六边形或八边形进行设置；矩形和扇形平面的柱子，一般按进深为1间，面阔为1或3间进行布置。

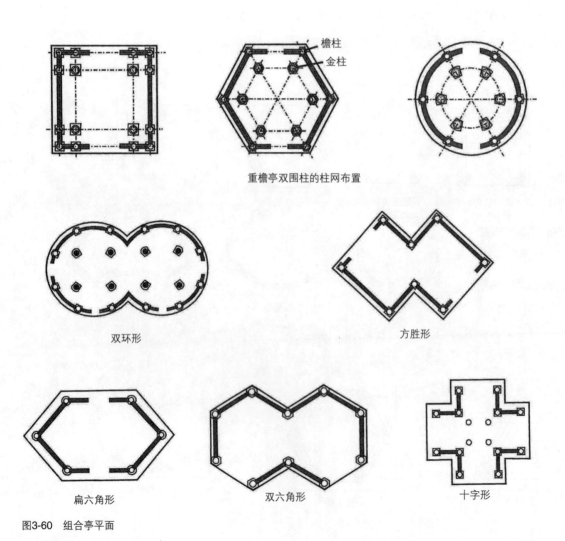

重檐亭双围柱的柱网布置

双环形　　　　方胜形

扁六角形　　　　双六角形　　　　十字形

图3-60　组合亭平面

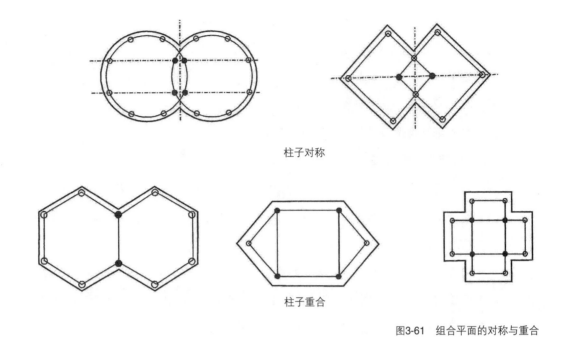

柱子对称

柱子重合

图3-61　组合平面的对称与重合

c）独立重檐亭柱网的布置。独立重檐亭柱网的柱数，一般采用偶数，也就是说，三角形和五角形的亭子，很少做成重檐形式。重檐柱网的布置，应依据重檐构架的设置方法而异，当按立童柱法设置时，四边形亭应每边各增加2根柱子，以便布置井字梁和抹角梁等其他形状的柱网。

② 组合形亭子的平面柱网。

a）组合亭的平面形式。组合亭是由两个或两个以上独立亭（包括单檐和重檐）组拼而成，在具体的工程中，设计师可根据地形等条件，组拼其他形式的组合亭（图3-60）。

b）组合亭的柱网布置。组合亭的柱网，仍按照独立亭的基本柱网进行布置，无论组拼成何种形式，均必须要保持在两个独立亭中，有两根以上的柱子，相互对称或重合，以保证在整个支撑体系中，便于梁枋连接的整体性（图3-61）。

3.3.2 廊

3.3.2.1 廊的功能

廊是有顶盖的通道，它不仅具有避风遮雨、交通联系上的实用功能，而且廊这种过渡空间将一栋栋的单体建筑组织起来，把室内室外空间紧密地联系在一起，互相渗透、融合，对景观中风景的展开和景观序列的形成起着重要的组织作用。掩映在青山绿树中的学院宿舍与图书馆通过匍匐蜿蜒连廊的连接（图3-62），把台地的高差化解在小广场及连廊的起伏中，由于顺应地形而产生层层叠叠的屋面轮廓，丰富了景观环境的空间层次，形成生动、诱人的一种空间环境。

3.3.2.2　廊的类型

廊的基本类型按结构形式可分为四类：

（1）双面空廊（图3-63）

双面空廊两侧都是开敞的，人行其间可以看到两侧景色。这种廊子的屋顶是双面坡形。双面空廊不论在风景层次深远的大空间中，或是曲折灵巧的小空间中都可运用［图3-64（a）］。

（2）单面空廊

单面空廊是依一侧墙或沿建筑物的边墙而建，人行其间，只能看到一侧的景物，所以一般在墙上开花窗以沟通两侧景观，或在墙壁上嵌入名人手迹石刻供人观赏，同时增加园林的书卷气。这种单面空廊有时稍微离开侧墙，有意形成一个露天小空间，点缀树石，以减少廊一侧的单调感［图3-64（b）］。

（3）复廊

复廊是在双面空廊内沿屋脊线下方有一条纵墙，将一条空廊变成两条单面廊，在这条隔墙上间隔地开些漏窗［图3-64（c）］。

图3-62　廊的功能　　　　　　　图3-63　双面空廊

(4)楼廊

由两条廊重叠在一起形成的双层廊,也称之为楼廊。楼廊可提供人们在上、下两层不同高度的廊中观赏景色的效果。有时,也便于联系不同标高的建筑物或风景点以组织人流。同时,由于它富于层次上的变化,也有助于丰富景观建筑的体型轮廓。依山、傍水、平地上均可建造[图3-64(d)]。

按廊的总体造型及其地形、环境的关系又可分为:直廊、曲廊、回廊(四面连通的廊)、抄手廊(四面连通且每个面都连接建筑的廊)、爬山廊[图3-64(e)]、叠落廊[图3-64(f)]、水廊(图3-65)和桥廊(在桥上加盖廊屋)等。

3.3.2.3 设计要点

廊的规模可大可小。大规模的廊子可以形成空间的划分,进行建筑之间的连接;小规模的可以独立成景,形成环境中的视觉中心。设计中对于廊子的设置要考虑整体功能的要求及风格特点。布局位置有利于形成好的视线景色,满足场地功能设定以及人对环境的各种要求。如位于北京石景山黄庄职业学校的过山车主题长廊,以一个不断弯曲的、类似"过山车"的带状结构,

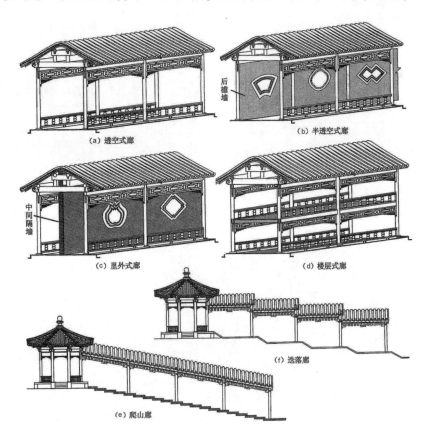

(a) 透空式廊

(b) 半透空式廊

(c) 里外式廊

(d) 楼层式廊

(f) 迭落廊

(e) 爬山廊

图3-64 游廊的构造形式

图3-65 水廊

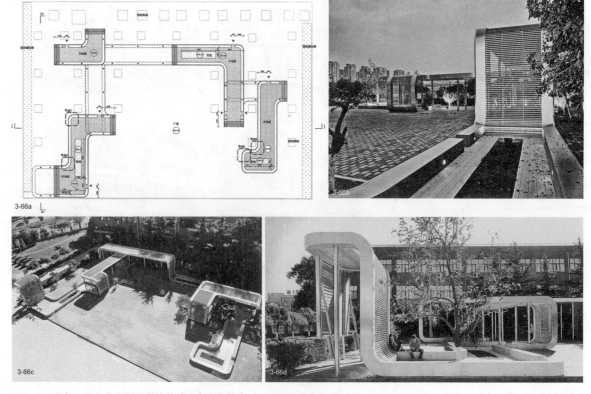

图3-66 北京石景山黄庄职业学校的过山车主题长廊

通过三维折叠,形成了露天花园、遮阴凉亭和展示走廊等一系列与环境相融合的空间。为学校塑造集人文和功能于一体的鲜明的、标志性的景观(图3-66)。

廊的规模要根据空间的尺度和人流的多少进行设计。尺度不宜过大,追求亲切玲珑之感。传统古典园林中廊的柱开间在3m左右,横向宽度在1.2~1.5m,可采用卷棚式屋顶或尖山式屋顶;为了适应人流量的增加,可加宽到2.5~3m;檐口高度一般在2.4~2.8m。现代廊由于材料和技术的发展,其规模尺度可根据具体情况来定。

3.3.3 水榭

3.3.3.1 水榭的功能

榭为水边建筑,面山对水,望云赏月,借景而生,有观景和休闲的作用。榭下有石柱支撑,深入池中,而榭浮水上,以建筑本身形体点缀景观环境或构成景观环境中的主景(图3-67)。

3.3.3.2 水榭的体量与基本构造

水榭一般都是四面透空的临水建筑,水榭的形体与周围的水面大小有关,在南方私家园林中,由于水面一般较小,因此水榭的尺度不宜过大,形体上应取得与水面的协调,在立面造型上常以水平线条为主,建筑物的一半或全部深入水中,尽可能地贴近水面,为人们提供一个身临水面的宽广视野。

有些地方将水榭作为餐饮和茶座的凉棚,而将四面装玻璃门窗以作维护时,门窗的装修应以通透宽敞为佳,或做成可拆装的落地门窗,夏季卸去,冬季装上。

水榭由结构构架、屋顶、水中平台三大部分组成。其屋顶形式多为卷棚式,水榭平台由平台基座和平台台面两部分组成。水榭平面柱网,一般布置成矩形单间、三间和带廊式空间。

平台基座的构造有三种(图3-68):

① 梁柱结构基座。一般适用于水深超过2m以上的环境,它是在坚硬土层上,砌筑砖柱或浇筑钢筋混凝土柱,在柱顶上安装横梁,并使横梁高出最高水位0.3m为准。

② 土石结构基座。常用于水深2m左右以内,它是用砖石砌筑基座围墙,以基地落实到坚硬的土上,并使墙顶高出最高水位0.3m为准。

③ 上述两者组合式基座。

上面所述的几种基座的基础,均应根据建设场地的地质情况,进行设计。

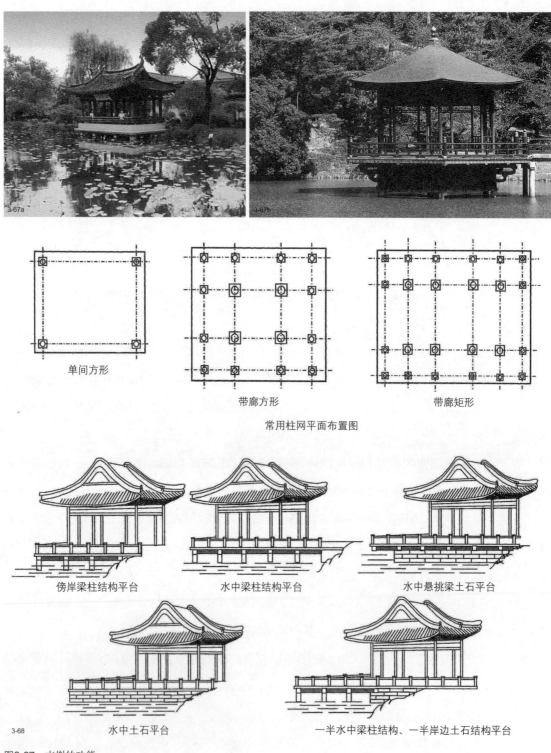

单间方形

带廊方形

带廊矩形

常用柱网平面布置图

傍岸梁柱结构平台

水中梁柱结构平台

水中悬挑梁土石平台

水中土石平台

一半水中梁柱结构、一半岸边土石结构平台

3-68

图3-67 水榭的功能
图3-68 平台基座的构造

3.3.4 舫

舫是仿船形的傍岸建筑，水下部分石造，上部建筑为木结构，所以造型轻盈舒展，给园林景色的点缀起着很美妙的作用。因为这种舫是不能移动的，所以也称为"不系舟"。

舫的外形模仿真船，一般分为前、中、后三部分。后部为二层，用歇山屋顶；中间是主舱，一层，多为卷棚屋顶；船头部分略高，用歇山屋顶。水下部分石造，上部建筑为木构，所以造型轻盈舒展，有漂浮于水上的感觉（图3-69）。

在江南人文园林中，园中的舫常将顶部深入水中，如苏州怡园的画舫斋（图3-70）；或两侧临水，如拙政园的香洲；或三面临水，如苏州市同里镇退思园的闹红一舸（图3-71）；或完全建于岸边水中，如狮子林的石舫。

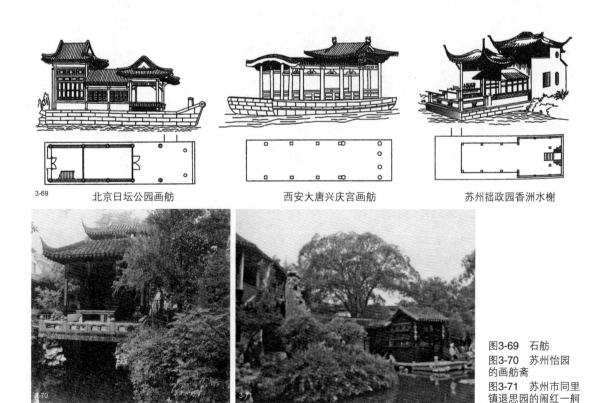

3-69　北京日坛公园画舫　　　西安大唐兴庆宫画舫　　　苏州拙政园香洲水榭

图3-69　石舫
图3-70　苏州怡园的画舫斋
图3-71　苏州市同里镇退思园的闹红一舸

图3-72　观景台

3.3.5　观景台

3.3.5.1　观景台的功能与形式

观景台是人类经过选择从事观察景物活动的场所。它既可以是未经任何人工雕琢的纯自然的驻足地，也可以是在某一地点主要为观察而设置的纯粹的人工建筑物、构筑物。其功能就是在自然景观区或人文景观区为观者提供安全、良好的观景空间，使游览者的每次旅行成为赏心悦目的愉快经历，并为环境增添新的人文景观（图3–72）。

3.3.5.2　观景台的设计要点

（1）设计选址

观景台设计的关键在于选址，通过景观评价技术深入挖掘当地景观资源，在旅游路线选择能欣赏到该地区最具特色、最优美的风景地点，在提供良好观景空间的同时，展现优美的景观特色。例如，挪威西海岸的奥兰德峡湾观景台设计，在尊重原有的景观和地形的基础上，以极简主义作为设计理念，在海拔高度约为610m的地方建了一座4m宽、30m长、9m高的桥。V字形观景台以极富表现力的方式，对现有的自然环境加以保护和补充，突出该场地的独特性，使游客能够从高空感受大自然的壮观与美丽，以一个全新的角度来观赏原有的景观，实现建筑与自然的互动，为风景圣地增色添彩（图3–73）。

（2）设计形式

观景台设计形式手法各有不同，但观景的本质是不变的。不同的建造形式营造的是差异化的环境空间，最终目的是让观者更加近距离的接触自然、融入自然，感受大自然的魅力。例如，挪威戎丹恩索尔贝格观景平台，设计师针对周边山林茂密这一自然环境特点，强化观景平台的景观特性，运用3D数字技术为观景平台结构高程定位并选择支撑点，绕过了所有的树木和地下根系，完成了对于景观与环境的近乎零破坏的设计。在提供最好的观景效果和安全保证的同时，也成为景观环境中的一景（图3–74）。

观景台既是为行人提供休憩的场所，又能使行人获得美的视觉享受，是功能与艺术的结合体。对于行人来说，它不只是一个休息、观景的平台，其空间特点还具有能够判断自己所在位置的功能。观景台作为构成景观环境的一个要素，其布局、造型、用材、装饰等方面在设计时都应该统一综合考虑，在充分尊重原有的生态资源的基础上，力争从多角度、多方位使观赏者获得愉悦的视觉享受和美感体验，产生驻足于此，流连忘返的感觉。例如，芬兰赫尔辛基科基亚萨利动物园内的观景台，以一部楼梯、两个观景平台、几面简单的网眼护栏形成的开放木质框架，犹如

图3-73　奥兰德峡湾观景台

图3-74　挪威戎丹恩索尔贝格观景平台

图3-75　芬兰赫尔辛基科基亚萨利动物园观景台

一座木质景观雕刻,与周围的景观相互映衬。游客能在几乎不受外围构造的阻挠下享受风光。这种简洁与实用的设计思想,创造了观景台自己鲜明的特色(图3–75)。

3.4 小品类景观建筑设计

景观建筑小品是指景观环境中人工建造的各种小型构筑物,包括小体量建筑、游憩观赏设施和指示性标志物等。其既具有一定的功能要求,又起到点缀、装饰和美化环境的作用。景观建筑小品是营造空间的重要元素,优秀的景观建筑小品能成为空间的视觉焦点。除了要实现其使用功能外,还应进行视觉上的艺术处理。其设计应该与空间环境融合,符合整个空间的气氛。由于景观建筑小品的存在,为环境空间赋予了积极的内容和意义,使外在的场地成了有效的景观环境。

景观小品种类繁多,涵盖面广,按不同概念表述分类总结见表3–2。

表3-2　不同概念表述下的景观小品分类

概念表达		分类
园林建筑小品	分类1	门窗洞口、花窗、装饰隔断、墙面、铺地、花架、雕塑小品、花池、栏杆边饰、梯级与磴道、小桥与汀步、庭院凳、庭院灯和喷水池
	分类2	园门、景墙与景窗、花架、园林雕塑、梯级与磴道、园路与铺地、园桥与汀步、园桌与园凳、花坛、水池、置石和其他`
	分类3	门窗洞口、花架、梯级与磴道、园路铺地、园桥与汀步、园桌与园凳、雕塑小品、花坛和其他
园林小品	分类1	水景工程、园桥工程、园路工程、假山工程和其他小品(花坛、景墙、路标)
	分类2	园桌、园椅、园凳、园门、园墙、雕塑和其他(园灯、栏杆、宣传牌、宣传廊、公用类建筑设施)
	分类3	供休息的小品、装饰性小品、结合照明的小品、展示性和服务性小品
景观设施	分类	休息设施(如园椅、凉亭等)、服务设施(如园路、园桥等)、解说设施(标志、指示牌)、管理设施(园门、园灯)、卫生设施(如洗手设施、垃圾桶、公厕等)、饰景设施(水景、石景等)、运动设施、游乐设施
园林建筑装饰小品	分类	园椅、园灯、园林墙垣与门洞漏窗、园林展示小品、园林小桥、园林栏杆、园林雕塑和花格

来源: 邱建等编著《景观设计初步》183页表8–1。

虽然不同的分类各有特点,但通过上表可获得景观建筑小品设计的主要对象,以下我们着重对5类景观建筑小品——景墙、花架、雕塑、桥、公共厕所的设计方法进行阐述。

3.4.1 景墙

在景观环境中,景墙主要用于分隔空间,保护环境对象,丰富景致层次及控制引导游览路线等。作为空间构图的一项重要手段，它既有隔断、划分组织空间的作用，也具有围合、标示、衬景的功能，而且在很大程度上是作为景物供人欣赏，所以要求其造型美观，具有一定的观赏性。一般作为景观环境中的障景、漏景及背景而进行设置。

3.4.1.1　景墙的类型

景墙按照功能不同分为围墙、隔断、景观墙三种形式。图3-76，西安世界园艺博览会植物学家花园景墙用一层层陶瓦垒砌而成，陶瓦弧形的形体组合形成一种另类的具有强烈乡土气息的景观情趣，别有一番特色；图3-77，包头南海景区广场休息区设置的镂空景墙，在形式上分隔了空间，镂空处景墙图案置于地面形成座椅，"坐"也变得很特别；图3-78，卢森堡城市广场别具一格的景观墙设计；图3-79，通过形、光、色、质等造型元素的艺术处理来增添空间的美感和情趣的景墙。

按照材料和构造的不同，大概可分为石墙、砖瓦墙、清水墙、白粉墙等。按其构景形式可分为独立式、连续式、生态式。图3-80，苏州博物馆新馆庭院设计，以拙政园的白墙为背景放置的一组片石假山，这种"以壁为纸，以石为绘"别具一格的山水景观，凸显了清晰的山水轮廓和山

图3-76　西安世界园艺博览会植物学家花园景墙
图3-77　包头南海景区广场休息区镂空景墙
图3-78　卢森堡城市广场景墙
图3-79　景墙

图3-80　苏州博物馆新馆庭院
图3-81　连续组景式
图3-82　绿色景墙

水剪影效果，成为博物馆中央大厅动态的主景观的视觉焦点；图3-81，连续组景式，以一个设计母体为基本单位，连续排列组合，形成一定的序列感；图3-82，将藤蔓植物进行合理种植，利用植物的抗污染、杀菌、滞尘、降温、隔声等功能，形成既有生态效益，又有景观效果的绿色景墙。

3.4.1.2　设计要点

不同材料组成的景墙，能给人不同的心理感受，形成不同的景观效果。未经琢磨或粗加工的石材朴实、自然，适用于室外庭院及湖池岸边，精雕细琢的石材适用于室内或城市广场等环境（图3-83）。

景墙的纹理及走向和墙缝的样式，会产生一种韵律感。常用的线条包括水平划分，以表达轻巧舒展之感；垂直划分，以表达雄伟挺拔之感；斜线划分，以表达方向和动感；曲折线、斜面处理，以表达轻快、活泼之感。

组成景墙材料的堆叠可形成虚实、高低、前后、深浅、分层与分格各不相同的墙面效果，形成的空间序列层次感也较之满墙平铺的更为强烈。通过虚实对比，互相渗透，衬托层次，使景墙构成的景观更充满生机。

不同尺度的墙营造的空间氛围各异。墙的高度与人眼的高度有着密切的关系，一般来讲，墙高在30~90cm时，保持着空间上的连续性，刚好是希望凭靠着休息的尺度；当达到1.2~1.5m时，身体大部分看不到了，人的心理会产生一种安全感，划分空间的作用逐渐加强，视觉上仍然

图3-83 景观小品
图3-84 材料堆叠不同形成的墙面效果

保持着连续性；当达到1.8m以上高度时，人就完全看不到外部了，产生相当的封闭感。在设计中，根据空间的性质，合理确定墙体的尺度，以营造不同的空间感（图3-84）。

3.4.2 花架

花架是为了植物的攀援而设置的棚架，又是人们消夏避阴的场所。花架在景观环境中常常具有亭、廊的作用，当花架延长线布置时，能像游廊一样发挥建筑空间的脉络作用，形成导游路线；也可用来划分空间增加景观层次的深度。花架作为点状布置时，与亭子所起作用一样，即形成观赏点，并可以在此组织对景的观赏。花架又不同于亭、廊，其空间更为通透，特别是绿色植物

自由的攀绕和悬挂,使得花架较其他的小品形式显得更通透灵动,富有生气。图3-85,以竹篱为墙,藤片为顶组合形成的廊架结构,将人造景观与自然景观之间的界限进一步模糊,让观者在游走的过程中,亲密的接触自然。

3.4.2.1　花架的类型

花架根据其选用的材料不同,可分木质花架、砖石花架、钢花架、混凝土花架、钢筋混凝土花架等;根据支撑方式不同可分立柱式、复柱式、花墙式。图3-86,独具特色的丫字形花架,点亮了滨海大道的街景。

3.4.2.2　设计要点

花架位置的选择应按照所栽植物的生物学特性,确定花架的方位、体量及面积等,尽可能使植物得到良好的光照及通风条件。

花架在庭院中的布局可采用附建式,也可采取独立式。附建式属于建筑的一部分,是建筑空间的延续,它应保持建筑自身统一的比例与尺度,在功能上除供植物攀援或设桌凳供游人休憩外,也可以只起装饰作用。独立式的布局应在庭院总体设计中加以确定,它可以在花丛中,也可以在草坪边,使庭院空间有起伏,增加平坦空间的层次,有时也可傍山临池随势弯曲。花架如同廊道也可起到组织游览路线和组织观赏点的作用,布置花架时一方面要格调清新,另一方面要注意与周围建筑环境在风格上统一。图3-87,小尺度的休息廊架,结合通风井结构设计而成,以营造一种值得记忆的居住空间;图3-88a,花架在此即成为观赏点,也可在此欣赏景观;图3-88b,小屋外的木质花架,即是纳凉的空间,也是小屋入口的引导。

一般来讲,花架的高度控制在2.4~2.8m,过低易造成压抑感,过高则有疏远感,开间控制在3m左右,太大的尺度易使构件显得笨拙。与游人活动尺度相适宜的花架,给人以亲切感,并便于近距离观赏攀缘植物。花架的设计往往同其他小品相结合,形成一组内容丰富的小品建筑,如布置坐凳供人小憩,墙面开设景窗漏花窗柱间或嵌以花墙,周围点缀叠石小池以形成吸引游人的景点。

3.4.3　雕塑

3.4.3.1　雕塑的功能

雕塑是具有强烈感染力的一种造型艺术,创造着具有一定空间可视、可触的艺术形象,在景

图3-85　花架
图3-86　特色花架
图3-87　小尺度休息廊架
图3-88　花架

观环境中起到点缀空间，使空间富于意境和变化，从而提高整体景观环境的艺术境界。

3.4.3.2 雕塑的类型

雕塑的形式多种多样，其艺术手法及形式也是复杂而多样的，从不同的角度可以有多种划分，从表现形式上可以分为具象雕塑和抽象雕塑、动态雕塑和静态雕塑；依据雕塑在环境中所起的不同作用，雕塑可分为纪念性雕塑、主题性雕塑、装饰性雕塑及功能性雕塑。在这里我们主要从雕塑的功能作用来阐述。

（1）纪念性雕塑

纪念性雕塑是以雕塑的形象来纪念人物或重大历史事件，也有的以纪念碑形式来表达。纪念雕塑是以雕塑的形象为主体，一般在环境中处于中心或主导的位置，起到控制和统帅全部环境的作用，因此所有的环境要素和平面布局都必须服从于雕塑的总立意（图3-89，位于波恩广场的贝多芬雕塑，以凹凸变化的造型，反映了这位伟大音乐家富于变化的人生经历）。

（2）主题性雕塑

主体性雕塑是以体现空间主题为目的而设置的雕塑，通过雕塑本身的造型、色彩、材质等来表现主题内容，它是某个特定地点、环境、建筑的主题说明，雕塑必须与这些环境有机地结合起来，并点明主题，甚至升华主题，使参观者明显感到这一环境的特性；具有纪念、教育、美化、说明等意义（图3-90，位于西班牙巴塞罗那港口的古老蒸汽机车轮齿和船帆雕塑，恰如其分的反映了西班牙籍地理大发现的先驱者哥伦布奔赴新大陆起点的主题思想）。

（3）装饰性雕塑

装饰性雕塑应用最为广泛，雕塑的形式多种多样。主要是在环境空间中起装饰美化作用。装饰性雕塑不仅要求有鲜明的主题思想，而且强调环境中的视觉美感，要求给人以美的享受和情操的陶冶并符合环境自身的特点，成为环境的一个有机组成部分，给人以视觉享受。图3-91，法国巴黎德方斯新城广场的雕塑设计，通过小丑跳舞的造型，具有孩子般的天真、无邪、鲜艳的色彩点缀着城市景观环境。

（4）功能性雕塑

功能性雕塑在具有装饰性美感的同时，又有一定的实用功能。如活水公园的水净化系统的水流雕塑设计（图3-92），由一些形似花斑的整石组成的水流雕塑，它巧妙地引入水力学原理，利用流差产生的冲力，使水在一个个小石中活泼欢跳，绽放出无数水花，极富动感和观赏价值。同时，在四旋振荡中，充分地曝气充氧，增强水的活力。在具有实用功能的同时具有装饰性美感。

图3-89　波恩广场的贝多芬雕塑
图3-90　古老蒸汽机车轮齿和船帆雕塑
图3-91　巴黎德方斯新城广场的雕塑设计
图3-92　活水公园水净化系统的水流雕塑

3.4.3.3　设计要点

景观雕塑是用于室外的雕塑类型，具有表达空间主题，点缀美化环境，丰富空间内容的作用。其风格、形式、体量、材质要和整体环境协调，同时也要追求其独特的视觉效果，使其成为空间的"亮点"，为环境增色。一般来讲，雕塑小品的平面构图方式，决定了其所处景观环境的性质、特点（表3-3）。

表3-3 常用雕塑小品平面构图方式及特点

构图方式	特点
中心式	雕塑处于环境中央位置，具有全方位的观察视角，在平面设计时注意人流特点（图3-93）
T字式	景观雕塑在环境一端，有明显的方向性，视角为180°，气势宏伟、庄重（图3-94）
通过式	景观雕塑处于人流线路的一侧，虽然也有180°的观察视角方位，但不如T字式显得庄重。比较适合于小型景观雕塑的布置（图3-95）
对位式	景观雕塑从属于环境的空间组合要素，并运用环境平面的轴线控制景观雕塑的平面布置，一般采用对称结构。这种布置方式比较严谨，多用于纪念性环境
自由式	景观雕塑处于不规则环境，一般采用自由的布置形式（图3-96）
综合式	景观雕塑处于较为复杂的环境空间结构之中，环境平面高差变化较大时，可采用多样的组合布置方式

来源：邱建等编著《景观设计初步》190页表8-2。

除了雕塑的布局形式对景观环境特点有影响外，在进行雕塑设计时，还应对雕塑周围环境的特征、文化传统、空间、景观等方面有较为全面的理解和把握，取材应与景观建筑环境相协调，要有统一的构思，使雕塑成为景观环境中一个有机的组成部分，恰如其分地确定雕塑的形式、材质、色彩、体量及尺度等，使其和环境协调统一。设置在美术馆户外广场前的雕塑与美术馆所构成的整体关系（图3-97），形成一个行的视觉形象，促成了建筑空间新的方向和力度，并将空间戏剧化、意趣化，也使建筑的生命内涵得到质的延伸。

由于雕塑可以从几个角度或方向来体味，在设置雕塑时，应考虑其前后背景的处理。与雕塑毗连的应有足够空间供人们从不同角度来观察它，人们可绕其步行或坐观其景。如在小斯巴达花园中散落着完整或残缺的古典柱式、方尖碑、托架和头像的雕塑以及雕刻着法国革命家Saint-Just的一句名言的石板，构成一个可读的景观，体现了景观和雕塑的结合（图3-98）。

在设置雕塑时，其朝向一定要认真研究。在每天不同时间里随季节更替，照射到雕塑上的阳光和雕塑投射到地面的阴影图案也各有不同，因此一个雕塑的放置位置应最大限度地利用阳光和阴影图案，这样可以充分展示雕塑的内涵和烘托气氛。

雕塑基座是与环境连接的重要环节，也是雕塑安装的关键部位。基座的处理应根据雕塑的题材和它们所存在的环境，可高可低，可有可无，但不管采用何种连接方式，雕塑主体结构要与基座或环境中的连接件牢固连接，确保连接后的基座与雕塑成为一体。

3.4.4 桥

在景观环境中，地形变化与水路相隔，常常用桥来取得联系，桥不仅有交通联系方面的实用功能，其艺术造型与周围景观的密切结合，使周围景色发生变化，点缀、补充、提高景观环境质

图3-93　中心式雕塑
图3-94　T字式雕塑
图3-95　通过式雕塑
图3-96　自由式雕塑
图3-97　美术馆户外广场前的雕塑

量。作为景观建筑的一种形式，桥只是一个小的造景手段，但由其跨越的功能，并具有在架空的景观建筑上观景、停留的要求，使得桥梁位置凸显，形象突出。

3.4.4.1　桥的功能

桥具有联系水面风景点；引导游览线路；点缀水面景色；增加景观层次的功能（图3-99）。

3.4.4.2　桥的类型

桥的种类繁多而且形式多样。按其结构形式不同可分为简支梁桥、伸臂梁桥、拱桥、索桥和浮桥；按其建造材料不同可分为木桥、石桥、金属桥、竹桥和腾网桥；按其形式不同又可分为单孔桥、多孔桥、平板桥和弧形桥；按其与建筑结合形式又可分为亭桥、廊桥等。在营造景观环境特色中，桥有着重要的造景作用，我们在这主要从桥的建造形态及以建筑的结合形式来阐述桥在景观中的运用。

①　梁桥。以梁或板跨于水面之上，梁桥要求平坦便于行走与通车。在依水景观设计中，梁桥除起到组织交通的作用外，还能与周围环境相结合，形成一种诗情画意的意境（图3-100）。梁桥外形有直线形和曲折形之分。曲折桥大多数为一折、三折、五折至九折，其数成单，取《易》乾阳刚之数。这种形式是景桥结合景象构图，游览引导展示景面的需要而处理为曲折行进的形式（图3-101，架在水面上的曲折桥，具有韵律感的桥体线形丰富了景观中的视觉环境）。

②　拱桥。拱桥以其柔美的曲线，优化的受力结构，在景观环境艺术中具有独特的造景效果（图3-102，西安世界园艺博览会万桥园5座彩虹般的拱桥设计，使人们在每座桥上都能获得连绵不断的视角惊喜和景观体验）。

③　亭桥与廊桥。在亭、廊上加建桥，称为亭桥或廊桥，可供游人遮阳避雨，又增加桥的形体变化。亭桥、廊桥既有交通作用又有游憩功能，起着点景、造景的效果（图3-103）。

④　汀步。汀步又称步石，介于似桥非桥，似石非石之间，在浅水中或草地上按一定间距布设石块，微露水面或地面，形成线，形成道，使人能跨步而过。汀步虽无架桥之形，却有渡桥之意；有人工的巧作，更有自然的野趣。汀步的形式有自然式和规则式之分，用天然石材自然布置的汀步宜设在自然石矶或假山石驳岸，以取得协调效果；规则式汀步有圆形、方形等，可用石材雕琢或耐水材料砌塑而成（图3-104）。

3.4.4.3　设计要点

桥的布置同景观空间的总体布局、道路系统、水体面积占全园面积的比例、水面分隔或聚合等密切相关。桥的位置和体形要和景观协调。大水面架桥，又位于主要建筑附近的，宜宏伟

图3-98　小斯巴达花园雕塑
图3-99　桥的功能
图3-100　梁桥
图3-101　曲折桥

图3-102 拱桥
图3-103 亭桥与廊桥
图3-104 汀步

壮丽，重视桥的体形和细部表现（图3-105），曲线形的木桥面与红色栏杆的搭配，如一缕红色的云行走在水面上；小水面架桥，则宜轻盈质朴，简化其体形和细部。通常在水面较窄的地方建桥，桥体宜小不宜大，宜低不宜高，宜窄不宜宽（图3-106）；同时要考虑空间的视觉效果及人流量的多少。

在现代空间中桥体的造型更是变化多样，没有定式；既可作为交通的连接，也可独立造景，成为空间的亮点。例如，台湾屏东县恒春古城人行桥设计，为保护修建于清光绪元年的古城墙，将人行桥后退古城墙一段距离修建，这样的设计手法，不仅保护了古城墙基座遗址，令沿着城墙上行走的人们能拥有更完整的体验，又能满足基地环境视线开放的需求，人行桥基部高低起伏之间创造的大大小小的桥下空间，让人们能以空间化、实体化的方式来体验古城的过去，感受历史的气息（图3-107至图3-110）。

3.4.5 公共厕所[4]

公共厕所是城市建设和风景区规划建设中必不可少的设施之一，是整个城市景观和风景区景观建筑的一部分，从功能上讲公共厕所属于服务类建筑，应满足功能合理，设施完善的使用要素；从景观角度上讲公共厕所属于小品类建筑，应与周围环境协调。

3.4.5.1 公共厕所的功能

随着经济的发展，公共厕所在满足人们生理需要的同时，其功能逐步得到了延伸和完善，它不仅具有生理功能，而且具有心理功能、社会功能以及文化功能，它已经渐渐成为城市经济发展水平的重要标志，同时也反映了一个城市乃至一个国家文化素质和社会文明的水准。

（1）心理功能

公厕的心理功能主要是指公厕的形象、周围的环境和清洁程度等因素给人的综合心理印象，并由此产生的相应心理效应。卫生洁净、环境良好、设施周全、形象优美的公厕，会使人们的心情愉快。公厕作为实体的客观存在，必然对人们的心理产生潜移默化的影响。

（2）社会功能

人的排泄行为，本是纯粹的生理行为，但因公厕的出现而变得社会化。不同的人会为了一个共同的目的而进入公共厕所进行相同的行为。在不同的文化脉络下，或不同的历史阶段里，人们对"上厕所"这个社会活动的价值观，往往影响厕所空间的设计。例如，罗马时代，上厕所是一种

---

[4] 本小节内容主要在胥传阳《公厕设计通论》、建设部标准定额研究所《公共厕所设计导则》基础上加以整理、补充和拓展.

图3-105　大水面架桥
图3-106　小水面架桥
图3-107　人行桥
图3-108　木质桥
图3-109　木块与砖块相呼应
图3-110　桥上空间

社交活动, 所以当时的厕所就是两条沟, 大家面对面坐着, 一边上厕所, 一边聊天, 进行社会活动 (图3-111)。

(3) 文化功能

① 形象传播。公厕作为城市建筑的一部分, 是具有丰富表现潜力的。通过对文化功能和公共厕所与环境的融合, 可以设计出新颖的和趣味的公共厕所形象。例如, 1996年荷兰著名建筑师雷姆·库哈斯 (Rem Koolhaas) 和荷兰摄影师欧文·奥拉夫 (Ervin Olaf) 在荷兰格罗宁根博物馆旁设计的一间公厕。外墙采用不透光的玻璃, 以生动的非洲舞蹈照片作装饰, 整体造型追求美感, 看起来犹如一件艺术作品 (图3-112)。

② 社会传播。良好的公共厕所功能和优美的公厕形象会产生出好的社会感染力, 形象与环境优美的厕所, 会对安宁和谐的社会形成良好的氛围, 它对周围行人的净化感染作用, 可使人们对公厕形成尊重心理 (图3-113)。

③ 文化象征。公厕作为城市总体系统的一部分, 它们之间存在着伴生、互动、对应的关系, 因而公厕也能反映出城市的文化特征, 表现出地域文化特色, 成为城市文化的象征要素之一。厕所外立面窗与Kivi鸟、银厥叶图案设计相结合, 充分反映了奥克兰城市文化的特征 (图3-114)。

3.4.5.2 公共厕所的类型

公厕建筑的整体设计类型分为固定式和移动式, 固定式又分为独立式和附建式。

(1) 独立式

独立式可分为下列几类:

① 建筑小品型。外观给人以新颖别致的美感, 或具现代艺术风格、或具古典建筑风格。图3-115, 由艺术家兼生态设计师弗雷德里克·亨德瓦塞 (Friedensreich Hunderwasser) 设计的Kawakawa小镇艺术厕所, 曲线起伏的屋顶上, 种植有很多植物, 色彩亮丽的瓷砖镶嵌在形状各异的柱子上, 窗户及前室分隔墙由色彩鲜艳的酒瓶制成, 充分体现了艺术与环保理念。

② 多功能型。分内功能型和功能型两种。内功能型, 包括内部设施的多功能组合、厕位设备的多种组合或带有其他设施 (图3-116); 功能型, 即厕所建筑连带商业文化设施, 如广告设施、阅览橱窗、娱乐设施等。

③ 地下型或半地下型。该型应与地面建筑配套, 以达到节约地面用地的目的。

(2) 附建式

附建式即公共厕所附属于其他建筑物。一般设置在商场、影剧院、机场、地铁等公共设施服

图3-111　厕所
图3-112　荷兰格罗宁根博物馆旁的公厕
图3-113　优美的公厕
图3-114　奥克兰城市文化特征

务部门。

（3）移动式

移动厕所是指可以整体移动、设置于有固定或临时需求的地点或场所，为公众和客户提供入厕服务的设施，移动厕所具有占地面积小，移动灵活，可不设固定上下水配置等优点，是固定式公共厕所的重要补充（图3–117）。

图3-115　Kawakawa小镇艺术厕所
图3-116　功能型厕所

3.4.5.3 设计要点

（1）选址

公共厕所规划设计，应以"合理布局、附建为主、寻找方便"为原则，在公园、大型公共绿地、广场等附近的公厕，原则上设置独立式公厕。公厕的建筑面积根据人口流动量按：15~30m²/千人的指标统筹考虑。

（2）功能流线组织

公共厕所的主要功能区由盥洗区、小便区、大便区三部分构成（图3-118）。这三部分功能区的布置主要有三种形式：一字形布置、L型布置和品字形布置。一字形布置适合于长型面积的布置，L型布置和品字形布置适合于曲形面积和方形面积的布置。

图3-117　移动厕所
图3-118　公共厕所主要功能区
图3-119　全屏通道形式

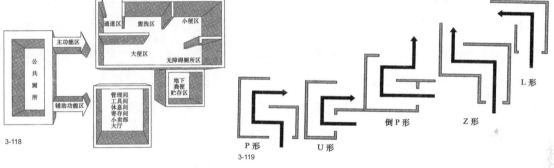

　　辅助功能区中的管理间和工具间设置的必要性及面积大小，与厕所的管理和保洁方式有关。其他辅助功能区（休息间、寄存间、小卖部和大厅等）与厕所的基本功能无直接联系，在实际的项目设计中，依据项目要求具体分析设计。

　　公共厕所在入口空间组织上应考虑屏蔽设施，以保证公共厕所厕位不暴露在厕所外的视线内。屏蔽通道分为两种，一种是全屏蔽通道即在厕所门外的任一位置均不能看到厕所内的任何设施及正在使用设施的人。全屏通道一般有五种形式，分别为L型、P型、U型、倒P型和Z型，如图3-119所示。这五种形式适用于各种平面布置在全屏蔽通道设计上的需要。另一种半屏蔽通道即在厕所门外的任意位置均不能看到厕所内的任何厕位及正在使用该厕位的人，但可以看到盥洗设施和使用盥洗设施的人。半屏蔽通道相对于全屏蔽通道，具有使用面积小的优点，适用于厕所面积较小，场所流动人口较多，须设置较多便器的公共厕所。

（3）建筑造型与空间组织

公共厕所的建筑风格要与周围环境和谐、相宜（图3-120，厕所外观与公园内凳子的色彩构成相同）。除注意内部结构布置合理、完善外，在材料和外观处理上应充分反映地域特色并与环境协调，与环境关系的处理关键在于"藏、露"结合上，即对于景观系统而言宜"藏"，对人流动线而言宜"露"。在旅游景点或人流集中地的公厕，应反映出时代特色，既要有个性也要大方得体、雅致美观。如澳大利亚塔斯马尼亚州的里奇蒙厕所间，结合地形，将厕所、候车亭交错坐落，以呼应周边的街道形态。建筑材料以水泥砖石和木板为主，简约的当代美学与小镇保存完整的乔治亚风格历史氛围形成的对比，为里奇蒙增添了风采（图3-121）。

3.5　墓园类景观建筑设计❺

"墓园（cemetery）"一词源于希腊文的"koimeterion"，意思是"人们长眠的地方"，指特定的具有一定规模，用于集中埋葬死者的土地。随着人类历史的发展，产生了很多种不同的方法来埋葬和纪念已故的人，处理逝者的方法根据各民族的科技、气候、地形学和文化信仰而不同，墓葬行为、墓地直至现代墓园的产生和发展正是人类生死观、价值观的物质化体现。

3.5.1 中西方墓园景观建筑发展概述

3.5.1.1 西方墓园景观建筑的发展与演变

从中世纪到18世纪，受宗教信仰及早期墓葬习俗的影响，埋葬逝者一般都选择在教堂及附近教区内以获得神的庇护。到18世纪中期，随着城市的发展，位于城市中心的教堂墓地不能满足教区持续增长的埋葬要求，人们开始寻找一种更好的方法来协调生者与死者的共存关系，以解决教堂墓地的拥挤和对环境的破坏，墓地逐渐开始与教堂分离，从城镇中心迁移到郊外重新规划布局，从某种意义上说，墓地基本界定了当时城市的边界。

西方现代墓园依各国文化习俗的不同而各有特色，但总的发展过程基本相同，主要经历了三个阶段：乡村花园式墓园，草坪式墓园，生态式的墓园。

① 乡村花园式墓园。最初基于公众健康考虑的乡村墓地规划思想与当时流行的英国自然主

---

❺ 本节主要内容在张文英. 美国墓园的发展与演变.《风景园林》2009（3）；黄麟涵.硕士学文论文《中国城市公共墓园景观规划设计初探》；中国建筑工业出版社《帝王陵寝建筑》等书籍、文献的基础上加以综合与整理。

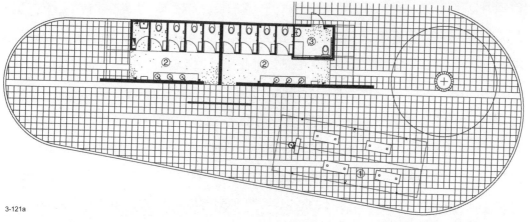

图3-120 厕所外观与公园内凳子的色彩构成相同
图3-121 澳大利亚塔斯马尼亚州里奇蒙厕所间

义造园风格结合起来, 开创出具有浪漫主义特征的乡村花园墓地景观。一改传统教堂墓地形式, 将墓地选址在城市外围或城乡结合、风景独特的地方, 通常选择地形起伏多变、森林茂密或水面宽阔的自然环境为墓地建设用地。乡村花园式墓园除了优美的自然风景外, 其墓穴的大小、形状及墓碑的样式各异, 充分反映出逝者和亲人的喜好, 彰显个性。由于墓地卫生条件改善而且风景优美, 缓解了原先墓地对生者健康的威胁, 更为生者营造了一个安全、宁静并且神圣的休闲场所, 成为当时受公众欢迎的户外空间和家庭聚会的场所, 这种结合了宗教、自然和艺术的墓园, 整合了许多公园的组成要素, 从而赋予墓园更多社会功能, 其纪念功能主要通过雕塑式的墓碑和言简意赅的墓志铭来传达。美国1831年建造的奥本山墓园 (Mount Auburn Cemetery) 就是乡村花园式墓园的典型范例, 美国内政部在2003年指定奥本山墓园为国家历史地标, 成为美国最著名的文化景观之一。图3-122, 奥本山墓园波光激滟的湖光山色成为后来建设的墓地及公园的原型。图3-123, 纪念南北战争的花岗岩狮身人面像。图3-124, 充分与自然地势结合布置的墓地。

　　② 草坪式墓园。在乡村式墓园建造后约20年, 墓园设计标准又一次发生了改变。由于乡村式墓园以英国自然风景为基调, 用于景观维护费用过高; 形态各异的雕塑式墓碑, 虽然展现了丰富的文化、艺术魅力, 但就视觉而言略显杂乱, 而且不便于维护管理。同时, 工业化程度的提高使得这样过于自然、变化丰富的构成要素不适于机械化规模生产的需要。于是, 一种更简单、整齐, 具有一定统一性的墓园空间——草坪式墓园形式出现了。草坪式墓园的设计理念是由美国普鲁士籍的风景艺术学家阿多夫·斯卓驰 (Adolphe Strauch) 在1855年进行辛辛那提市的春树园墓园 (Spring Grove) 的 "风景草坪规划" 项目时提出并发展的。这种形式的墓园中交通用地大量减少, 自然流线的道路划分不同墓区, 墓区内从草坪上穿行到达各墓穴, 墓穴规整统一排列布置, 减少乔灌木的运用增加草坪, 地上墓碑相对统一。和乡村式墓园基于浪漫主义的精神不同, 这种墓园形式反映出人们受现实主义和印象主义影响的自然观, 一切都趋于更加简洁单纯。它是景观设计和系统规范的结合体, 对墓园中各要素开始有一个相对统一的总体规范作指导: 墓地使用者不能随意分隔或围合地块, 不能按个人意愿配置植物, 这一切都由墓园的管理者统一布局和管理。图3-125, 整齐划一的白色墓碑。

　　③ 生态式的墓园。随着人们生死观的进一步科学化、环境意识的提高、生态设计理念和技术的发展完善, 生态墓园的设计模式在最近十几年中逐步得到广泛接受并迅速发展起来。1998年美国环境保护论者比利·坎贝尔 (Billy Campbell) 和他的妻子在南卡罗来纳州开设了第一个生态墓园——拉姆齐河保护区 (Ramsey Greek Preserve)。生态墓园提倡不用防腐剂、传统的

图3-122　奥本山墓园
图3-123　纪念南北战争的花岗岩狮身人面像
图3-124　与自然地势结合布置的墓地
图3-125　整齐划一的白色墓碑

棺木和墓石，而是采用简单、廉价、自然的墓葬途径，遵循"尘归尘，土归土"的理念，使身体自然有机分解回到土中再循环到新的生命中。生态设计理念强调对墓园基址所具有的自然环境和资料进行最大限度的保留，墓园内尽量避免机动交通，不让坟墓或纪念碑入侵景观等，这样的设计理念不仅对环境保护和自然资源有利，而且还有利于对生态恢复及景观的保存。其自然地空间形态及自然随机的布局，使其具有更丰富的空间层次和多样的要素，更好地满足了模糊性的情感需求和生态需求。

3.5.1.2 中国墓园景观建筑的发展与演变

中国的现代墓园发展很晚，这和中国的社会历史背景有关，中国漫长的封建社会里主要关注的是皇权的集中，因而在皇室产生发展的墓葬制度是一种集地下安葬与地上祭礼于一体的陵寝建筑。历代帝王陵寝形制受当时社会思想、国力强弱、营建技术的影响迭有演变。周代以前多建地下木椁大墓，地面不树不封；秦代中央集权，皇陵出现高大封土，奠定帝王陵寝的总体格局，如图3-126所示；汉袭秦制，因砖石技术发展，大量使用砖石结构；唐代国力强盛，盛行厚葬，墓葬追求高敞，帝王多以山为陵；宋代与辽、金、西夏长期征战，国势日衰，帝陵相形简朴；明、清两代尊儒崇礼，重视传统，帝陵多仿宫殿形式营建，出现多处院落组合的陵寝建筑，及由多个帝陵集合而成、极其庞大宏伟的帝陵群。在帝王陵寝中，墓室称为"地宫"，往往由前后左右数进殿堂组成，形制宽敞，结构坚固。"地宫"上部是隆起于地面规模宏大的封土。地面建筑则包括众多的殿宇，及其前列的牌坊、碑楼、石人、石兽、石桥、碑亭等。这些地上地下建筑物，按照一定的形制和秩序建造排列，形成一组占地广阔、规制严整、壮丽宏伟的建筑群（图3-127）。

我国的平民墓地发展远远不及皇陵，在一定的等级制度的限制条件下，处于一种较原始的发展状态。在我国这样一个以"祖先崇拜"、氏族血缘关系为核心的国家，"族墓"是传统平民墓地的主要形式，建造多带有自发性和随意性，是现代公墓的原始雏形。从皇陵及平民墓地的发展来看，我国并不存在真正意义上的墓园，而现代墓园的建设基本上是借鉴西方现代墓园规划建设而来。因此从发展过程而言，总体上呈现出一种从传统墓地到现代中西"拼贴式"墓园形式的激变，期间缺乏渐变和过渡。直到19世纪中叶，列强入侵，强行打破了中国的封建制度，国家政治格局、社会形态突变，具有较大人口数量城市的兴起、东西方思想文化发生激烈碰撞，人们的生活方式也随之发生了巨大变化。这种突变同样影响到了逝者的聚居地，它带来了全新的殡葬文化、墓园建设思想和设计理念。我国现代墓园正是在这样的文化碰撞中嬗变成长的，产生了从"族墓"到大规模公共墓地的转变，1846年我国出现了第一个公墓——山东路外国公墓。它是由英籍人为解决在上海的外侨去世后归葬的问题而开办的。

新中国成立后，我国的殡葬改革全面开展，并逐级制度化和规范化。国务院于1985年颁布了《关于殡葬改革的暂行规定》这是第一次殡葬改革的开始，1992年发布的《公墓管理暂行办法》明确指出"公墓是为城乡居民提供安葬骨灰和遗体的公共设施"。1998年颁布的《殡葬管理条例》规定禁止在下列地区建造坟墓：耕地、林地；城市公园、风景名胜区和文物保护区；水库及河流堤坝附近和水源保护区；铁路、公路主干道两侧。从对墓园的法规制定来看，第一次殡葬改革的基本完成之后，我国现代公共墓园的建设期也就随之而来了。

由上述中西方墓园发展史中可以看出，西方墓园建设有渊源的历史，中国的墓园发展是跳跃性的，并且存在很多空白，但是由于社会的发展又不得不更快融入到墓园的现代化建设中，这就需要对西方墓园的了解，找出其中值得借鉴的优点，结合自身的文化建设墓园。

图3-126　中国墓园景
图3-127　中国墓园景观建筑

3.5.1.3　现代墓园景观建筑的发展趋势

墓园景观产生于人类情感的需要，又随着人类情感的发展演变而产生不同的形式，它始终作为一种人类精神和情感的载体而存在。墓园的精神功能和情感设计手法应成为现代墓园设计的重心。无论中西，从情感的承载和表达的角度而言，墓园设计都表现出以下几方面的发展趋势：

①从地下水平延展式转向地上立体构架式。这是节约土地、绿色生态殡葬的要求，同时土地利用方式的改变、多种方式综合运用为墓园规划设计提供了更大的灵活性，更有利于情感氛围的营造。

②从具体直白的情感寄托（墓碑、墓穴）转向委婉含蓄的抽象纪念（整体环境空间氛围）。从整体规划、空间布局、具体要素的形式等都趋向于集体化、简约化、抽象化的设计方式。

③从悲伤阴郁转向明朗温馨的整体氛围。这是生死观转变和设计手法改变的共同结果。

④从封闭转向开放的建园模式。生死关系的转变使得墓园更加成为生者修身养性的场所，

而非仅供死者居住。

⑤ 从规整统一的空间转向自然多层次的空间。这是满足情感的复杂性、多样性、模糊性等特征的必然发展趋势,也是承载多种延展功能的要求。

3.5.2 墓园景观建筑分类及设计要点

作为亡灵的居所,墓园景观建筑本身归属于死者,而从实际的使用功能上来讲,它又是为生者服务的公共场所。墓地就是一个个时空的交汇点,故人的生命在那一瞬间戛然而止,无数来者的目光和怀想,一次次地聚合在这里,凝结成灵魂的栖息地。它在满足埋葬和纪念死者的基本功能的同时更为生者提供交流、休闲等功能,作为文化景观,其精神功能远胜于实际的物质功能,属于纪念性景观建筑。一般来讲,墓园景观建筑的分类是依据安葬人的身份及墓园的使用特性来划分的,见表3-4。

表3-4 陵园建筑景观的分类

类型	特点
陵墓景观建筑	古代诸侯王的安葬地,由权力而形成
家族墓园景观建筑	安葬自己家庭有关人员的地方
特色墓园景观建筑	某个特定事件或战争等因素造成而设立的安葬有关人员的地方
公共墓园	安葬社会各界人士的地方

墓园景观建筑一般选址在林木茂密的山林或是现存的城市网络中,保留场地原有特色是墓园景观建筑设计时应优先考虑的问题,只有尊重现有的自然条件和历史的发展,才能将墓园设计的意向、使用功能、建筑形式付诸实施。体验和感受是现代墓园景观建筑所注重的内容,它强调了参观者对墓园景观建筑的体验式阅读,通过体验来激发和引导参观者产生一种纪念的情绪,进而实现墓园景观建筑营造的文化意义和文化价值。墓园设计应按遵循以下原则:

3.5.2.1 以人为本的原则

作为安葬社会各界人士的公共墓园,其首要功能就是为市民提供安葬逝者的场地与空间。这种场地与空间以人为本的原则,首先体现在对逝者的平等性上,在设计上尽力做到满足不同信仰、民族、家族、年龄等的社会成员,对墓穴面积、方位、条件和墓地养护等方面的要求;其次要考虑市民在墓园中活动的要求,如供人休息和观景的座椅等。

3.5.2.2 庄严肃穆的原则

墓园的庄严与肃穆既是对逝者的尊重,也是对生者的慰藉。设计上,可以通过对墓园整齐划一的秩序感、错落有致的节奏感、疏密有度的韵律感、常绿植物的永恒感以及环境卫生的洁净感来营造。

3.5.2.3 功能效益的原则

墓园的主要功能使它有别于其他类型的风景园林形式,在满足主要使用功能的同时,应努力发挥其综合性的功能与效益。从历史与文化价值的角度来说,墓园是一种特殊形式的历史档案馆,也是建筑、设计和雕塑艺术的展览馆。如法国巴黎拉雪兹神父墓园不仅记录了巴黎墓园发展历史的脉络,而且也记录了科技进步与艺术演变的进程。属于特殊类型的城市公共绿地空间——墓园,其综合效益还包括美化效益、生态效益和环保效益。

3.5.2.4 实例分析

(1)昆明聂耳墓园

墓园位于直面滇池的西山森林公园山腰,前临公园主游道,背依陡坡,林木森森。聂耳处在中华民族奋起抗日、救亡图存的时代,他是以乐曲《义勇军进行曲》振起民族精神扣起大众心弦的热血青年,因而在墓园设计中应体现充溢着壮烈豪情,在肃穆中发散活力的墓园空间。基于此设计构思,在墓园的空间组织上,前景空间以自然有序为原则,作双向曲折穿插于林木中的步道,墓园主空间前步道聚于雕像平台后,再分流而上,使塑像与墓体之间形成绿色斜面,相互对应,也淡化了塑像背面较差的后视效果。"以我们的血肉筑成新的长城"为主题设计的错落的弧形主次雕塑墙体来协调自然环境和聚合墓园空间,形成特定的历史人文环境作为主题的墓,置于园波纹理铺地的平台中心,四周临空,墓体为扁平圆柱体,局部上翻成横"碑",使墓、碑、文为一体,在墓碑上嵌白山茶园雕一朵,隐喻逝者是"云南高原上的白山茶"或是"生者敬上的白山茶"(图3-128)。

聂耳墓园的设计,通过软化墓园周边的空间界面,以形成和润的墓园空间,融入自然的空间组织和适宜人体尺度体量的墓体设置,使之具有亲和力,为悼念者营造了一种可敬可亲的纪念氛围。

(2)森林墓园

位于瑞典斯德哥尔摩郊外的市营公墓,占地75hm²,瑞典建筑师埃里克·冈纳·阿斯普朗德(Erik Gunnar Asplund)与西格德·列维伦茨于1920—1940年设计的森林墓园,受瑞典独特的自身文化——斯堪的那维亚文化的影响,将墓园周围的森林完整地保留下来,并对现有的风景再设计,以创造一个乡野质朴的景观。从墓园入口开始,设计师就设立了一连串的空间序列:低矮的

图3-128 昆明聂耳墓园

墙垣围着半圆形的宽阔入口,仿佛把访客稳稳地包围着,诱导着他们进入里面。进门之后,经过两侧的石墙通道,突然开阔的视野是令人心旷神怡的草原和广大的天空。笔直延伸向火葬场的步道西侧,一片起伏缓坡的绿地上用绿树围成的户外祷告空间与步道旁矗立于草地上巨大的花岗岩十字架似乎在向人们宣告这里是葬礼用的圣域。而在步道东侧的白色矮墙,又引导着人流向火葬场方向缓缓前进,在步道消失的山丘附近到达火葬场柱廊,过了柱廊,就是平缓的下坡,一直往下延续的步道通往松树林中的墓碑群。穿越整个墓地的参观者在这个过程中,风景与建筑作为一种叙述手段来激发和引导游人产生一种赞美和纪念的情绪(图3-129)。

森林墓园以简单的几何元素:土丘、步道、十字架、墙面、柱廊建立的空间序列,使悼念者在墓园的活动范围被扩大——步行、驻足、散步,体现了设计者对生者的关注(图3-130)。

这座地势起伏的森林公墓,自然景观及建筑物和谐地融为一体,加之树丛中排列的墓碑,创造出一个宁静美丽的环境。该墓园设计对全球的墓地设计都有重要影响。1994年被联合国教科文组织列入《世界文化遗产名录》。

(3)布里昂家庭墓地

布里昂家庭墓地位于意大利北方小城特勒维索附近的圣维托,基地紧邻圣维托公墓,占地约2200m²,呈L形。整个基地地坪高于周边,由内倾的围墙限定,外面的人无法看到里面的活动。意大利台地园景观文化结合基督教宗教文化构成了布里昂家庭墓地文化的主要内容。但意大利著名设计师斯卡帕(Carlo Scarpa)并不仅限于此,而是结合现代简洁主义的现代景观和一些带有特殊含义的符号寓意来设计这个纪念性景观。L形地块包围了圣维托公墓的东北角,依据基地条件,设计师将墓园设置两个入口,一个通往小礼拜堂,一个经公墓到达墓园入口。墓园内主要由4个部分组成水池之上的冥想亭、夫妇墓、家族墓和小礼拜堂(图3-131a)。

在空间组织上,L形的基地被混凝土围墙及狭长的隧道包围,中心是一片绿地,绿地中央曲线的拱顶下是布里昂夫妇的石棺(图3-131b),墓室与L形基地的两个垂直边呈45°夹角,不仅强调了它的重要性,而且解决了L形交接的空间组织,两个尽头分别为家族小礼拜堂和冥想亭。而家族成员墓在主墓不远处,靠近外墙的一边上。几个重要功能的空间通过隧道和反复在墓园中出现的水道串联,借用隧道混凝土墙壁的遮蔽和打开,引导参拜者的行走路线和视觉观感,给人们产生一种漫游式的空间体验。

布里昂家庭墓地最有特色的是运用园外的景物进行空间进深的营造。把有限的空间范围扩展到很远,以弥补墓园本身面积的不足。整个园区背景分两个,一个是园内自身塑造的背景——

图3-129 瑞典斯德哥尔摩郊外的市营公墓
图3-130 森林墓园

园内小教堂和高耸的松柏树，形成园区出口端背景；另一个是借用园外的风景——园外高耸教堂和山丘形成另一端园区背景（图3-131c），使得面积有限的小墓地形成更深远的空间。

（4）新圣女公墓

位于莫斯科市西南方向莫斯科河畔的新圣女公墓，始建于16世纪，起初是教会上层人物和贵族的安息之地，1898—1904年墓地进行扩建，总面积7.5hm²，从19世纪20年代开始，成为安

图3-131　布里昂家庭墓地
图3-132　莫斯科河畔的新圣女公墓

葬前苏联知名人士的地方。

　　绿树掩映的墓区内，密密麻麻的墓碑沿墓园道路自然布局（图3-132a），国家领导人与马戏团演员，将军与战士，文豪与普通教师，在墓园中并没有专门的区域和等级划分，彰显"逝者平等"的理念。墓地上林立的墓碑，大多出自前苏联最优秀的雕塑艺术大师之手，凭借雕刻家与建筑师的设计，每个墓主都通过自己独特的墓碑，向世人讲述着他们不同的生命故事（图3-132b、c）。将一个原本寂静无声的逝者世界，变成了展示生命价值与美好的艺术之地，形成生者与逝者交流的临界空间，体现了俄罗斯特有的墓园文化。

本章小结

　　景观建筑设计是一个复杂的、充满变数的选择过程，一个成功的景观建筑设计，它要求从分析问题及形式的决定因素中创造出与环境相融共生的景观建筑，既能表达出对使用者的体贴，又能传递出设计者对景观建筑用途的感受与理解，提高整个景观环境的艺术价值。

推荐阅读：

1. 童明, 董豫赣, 葛明. 2009. 园林与建筑[M]. 北京: 中国水利水电出版社，知识产权出版社.

2. 中国建筑工业出版社编. 2010. 帝王陵寝建筑[M]. 北京: 中国建筑工业出版社.

3. 中村好文. 2008.意中的建筑——空间品味卷[M]. 林铮, 译. 北京: 中国人民大学出版社.

04

SELECTION OF LANDSCAPE
ARCHITECTURE MATERIALS
AND STRUCTURE

景观建筑材料与结构选型

材料是构成景观建筑最基本的元素，每一种材料都有着自己的特性和构造方法，纵观具有视觉美感的景观建筑设计，在材料的选择上，不在于多种材料的堆砌，而在于在材料内在构造和美的基础上，对材料的合理配置与质感的和谐运用，以体现某种意境与风格。而在景观建筑中，使景观建筑形成一定的空间及造型并得以安全使用的骨架，我们称之为结构，作为支撑与维护的建筑结构可以其自身的表现力构成景观建筑造型的美感。在建造景观建筑或空间设计之前，设计师需要了解材料、结构类型的实用性与局限性，才能更好地运用它们。

4.1　木材与木结构

木材是天然生长的有机材料。自古以来，木材因其结构上的性能和美学上的价值而得到广泛使用。从过去的小木屋到现在的大跨度木结构，木材贯穿了人类建筑发展史中的主线，体现在人类工程文明的各个方面（图4-1至图4-3）。

4.1.1　木材

木材具有材质轻，强度高，较佳的弹性和韧性，有效调节温湿度、隔热保温、防震吸音、色泽柔和、天然纹理、芳香的气味等性能，可以适应各种室内外不同的功能空间应用。从资源转换成制品，木材的加工能源比其他材料少许多；材料再利用性大，废弃后的木质品可自行分解或再加

图4-1　博尔贡（Borgund）　　　图4-2　形似倒置玫瑰花蕾的无顶教堂　　　图4-3　丘陵馆网壳外表面覆盖的木板
　　　　木教堂　　　　　　　　　　　　　　　　　　　　　　　　　　　　　　　　　　　屋顶

工，这些都是其他材料无法替代的。

在自然环境中，木材容易受到生物性和非生物性的破坏。生物性的破坏是指木腐菌和昆虫对木介质的破坏，非生物性破坏是指太阳、风、水、火等对木介质的破坏。

当木材含水率在15%~50%、温度在25~30℃，又有足够的空气时，木腐菌最适宜繁殖。木材中滋生的木腐菌，会将木质细胞分解为养料，使木材强逐渐降低，腐朽的木材，松软易碎，一般来讲，若腐朽程度达40%，就不能用在受力较大的承重构件上。木材还会受到白蚁、天牛等昆虫蛀蚀，影响承重木材的强度。

木材在高温下会被分解，在有氧的情况下还会燃烧放热，例如，温度从25℃上升至50℃时，木材强度一般下降1%~2.4%。受到火焰作用时，木材发生热分解反应，随着温度的升高，热分解加快，容易起火燃烧。暴露在户外的木材，受阳光中紫外线和其他环境因子的影响易产生风化现象。由于木材的这些特性，木建筑经受不住腐蚀、火焰、磨损与撕扯。所以完整保留下来的例子极少。

4.1.2 木结构

4.1.2.1 木结构的特点和适用范围

由木材或主要由木材组成的承重结构称为木结构。木结构建筑是人类最早兴建的建筑结构之一，我国有着几千年的木构建筑传统，如山西应县木塔，以其充满智慧的木构技术和艺术水准，在国际建筑文明体系中独树一帜。

木结构或木建筑通常出现在木材资源丰富的国家，例如，加拿大、挪威、瑞典和丹麦等。我国木材资源有限，因此目前在大、中城市的建设中已不准采用木结构。但在木材产区的县镇，砖木混合结构的房屋还比较常见。根据我国现行《木结构设计规范》（GB 50005—2003）的规定，承重木结构宜在正常温度和湿度环境中的房屋结构和构筑物中使用。未经防火处理的木结构不应用于极易引起火灾的建筑中；未经防潮、防腐处理的木结构不应用于经常受潮且不易通风的场所。

木结构要求采用合理的结构形式和节点连接形式，施工时应严格保证施工质量，并在使用中经常注意维护，以保证结构具有足够的可靠性和耐久性。

4.1.2.2 木结构用材的种类及分类

（1）木结构用材的种类

木结构用的木材分为两类：针叶材和阔叶材。主要承重构件易采用树干通直高大、纹理平顺、材质均匀、易于加工的针叶树材,如红松、云杉、冷杉等;重要的木质连接件应采用细密、直纹、无节和其他缺陷且耐腐蚀的硬质阔叶材,如榆树、槐树、桦树等。

(2)木结构用材的分类

木结构构件所用木材根据截面的不同分为原木、方材和板材三种。

原木:指已经去除皮、根、树梢的木料,并已按一定尺寸加工成规定直径和长度的材料。可分为整原木和半原木,常用于建筑工程中的屋架、檩、椽等。

方材:指已经加工锯解成材的木料,截面宽度与厚度之比小于3的称为方材(方木),常用厚度为60~240mm。常用于建筑工程、桥梁、家具等。

板材:指已经加工锯解成材的木料,截面宽度与厚度之比大于3的称为板材,常用厚度为15~80mm。常用于建筑工程、桥梁、家具等。

在进行木建筑设计时,景观建筑设计师了解这些标准是很重要的,只有这样建筑部件才能准确便捷地组装起来。

4.1.2.3 木结构的防火和防护

(1)木结构防火

① 建筑的层数、长度和面积。采用木结构的建筑层数不应超过三层。不同层数建筑最大允许长度和防火分区面积不应超过表4-1的规定。

表4-1 木结构建筑的层数、长度和面积

层数	最大允许长度(m)	每层最大允许面积(m²)
单层	100	1200
两层	80	900
三层	60	600

注:安装有自动喷水灭火系统的木结构建筑,每层楼最大允许长度、面积应允许在本表的基础上扩大一倍,局部设置时,应按局部面积计算。

② 防火间距。木结构建筑之间、木结构建筑与其他耐火等级的建筑之间的防火间距不应小于表4-2的规定。

表4-2 木结构建筑的防火间距   (m)

建筑种类	一、二级建筑	三级建筑	木结构	四级建筑
木结构建筑	8.00	9.00	10.00	11.00

注:防火间距应按相邻建筑外墙的最近距离计算,当外墙有突出的可燃构件时,应从突出部分的外缘算起。

③ 两座木结构建筑之间、木结构建筑与其他建筑之间的外墙均无任何门窗洞口时，其防火间距不应小于4.00m。

④ 两座木结构之间、木结构建筑与其他耐火等级的建筑之间，外墙的门窗洞口面积之和不超过该外墙面积的10%时，其防火间距不应小于表4-3的规定。

表4-3　外墙开口率小于10%时的防火间距 　　　　　　　　　　　　　　　　　　　　　　　　　（m）

建筑种类	一、二、三级建筑	木结构建筑	四级建筑
木结构建筑	5.00	6.00	7.00

（2）木结构防护

① 使用窑干的木材，不但能消灭已存在的昆虫、真菌及细菌，还使木材尺寸及形状稳定，增加其强度。

② 保持木材干燥，易受潮湿部位，应使用耐腐木材或使用防腐处理后的木材，避免木材与土壤直接接触。

③ 木构件经防腐防虫处理后，应避免重新切割或钻孔。

从上述木结构的防护措施，我们知道，木结构所处的环境要具有良好的透气性，木制材料在自然环境中表面会自然褪色和腐坏，所以任何用在室内或室外的木制品都需要经常维护。

4.1.2.4 新型木结构的发展与应用

众所周知，传统木建筑全部使用自然木材料作为结构材料，自然木材存在诸多缺点，如易燃、易腐蚀性，木节、裂纹、变形等导致的材料强度不均，构件尺寸受自然生长的限制难有大断面的结构用材等，因此难以在现代建筑中得到广泛使用。

近代工业革命，在给木构建筑带来巨大冲击的同时也带来相当重要的发展，这种发展反映在木构工业化上，包括原材料的加工、处理和木材深加工成新型复合木材以及木材运输与建造，这种工业化的木建构为传统的木构建筑带来了新生。对木材的新技术研究，目前在西方，特别是北欧、加拿大、美国、日本等地已经形成了一套体系完善、结构安全、节能保温、环境友善、建造灵活、科技含量高的现代木结构体系。在这些国家木结构领域已经由传统的"原木结构"，发展为"复合木结构"，即木构技术主要向合成材料木（hybrid composite wood product）科技发展，开拓了木结构应用的新领域。

工业化木材产业的主要工程制品：胶结层压木、结构复合木材、木基结构板材、预制工字形木梁等。

① 胶结层压木（glued-laminated timber glulam）。胶结层压木又称层板胶合木，是用含水率不高于18%厚度为20～45mm的木板刨光后，涂胶层叠加压，胶合成各种形状和截面尺寸。胶结层压木能按照构件各部位承受的不同应力，在施工中配置不同等级的木材，并将木材的缺陷分层匀开；构件的长度和截面尺寸不受天然尺寸的限制，且能按设计师的要求胶合成各种曲线形构件；在防火方面，由于其着火后形成的碳化层具有良好的滞火作用，耐火极限高于钢结构和预应力混凝土结构。胶结层压木自重轻、造型优美，一般适用于大跨度的体育馆和展览馆。

② 结构复合木材（structral composite lumber scl）。结构复合木材包括旋切板胶合木和旋切片胶合板木两种。结构复合木材可利用材质等级较低的原木生产，提高了木材的利用率。它可用来取代钉连接规格材的组合梁，用于轻型木结构房屋的主梁和屋脊梁等。

③ 木基结构板材（wood-based structural panel）。木基结构板材包括结构胶合板和定向木片板，是用于承重结构的木基复合板材。目前大量用于轻型木结构房屋的楼面板、屋面板和墙面板，并与胶结层压木或结构复合木材制成组合木构件。

从上述新型木制产品的介绍，可以看出新型木制产品具有以下特点：材质稳定、强度高；尺寸形状自由；大规模、大断面木造建筑成为可能；易于防火、防腐等化学处理。这使得复合木材建筑在结构形式上不再受传统榫卯连接、抬梁穿斗的构造手法限制，开拓出许多独特的结构形式，产生多种全新的木质空间结构形象。这些建筑在结构体系及空间形态上迥异于传统木构建筑，展示出更多的现代空间。新型木构建筑的发展，是木材综合应用和节约原始资源的主要途径。

4.1.3　建筑实例

4.1.3.1　美国比弗顿市立图书馆（Beaverton City Library）

美国比弗顿市立图书馆二层中心读者借阅浏览区的屋顶由16棵胶合板构成的树状结构支撑，每棵树又由4个1.905cm的花旗松叠层结构分支由底部固定构成。使用层板胶合木使树的顶部厚度减为底部的一半，充分发挥其可弯曲的性能，形成曲线形的树枝，使整个屋顶结构具有简朴、清晰的轻捷感（图4-4）。

4.1.3.2　2000年德国汉诺威世博会大屋面

屋顶作为人们抵御恶劣天气对生活不利影响的一种原型，由来已久。2000年德国汉诺威世

图4-4　比弗顿市立图书馆
图4-5　德国汉诺威世博会大屋面

博会举办地的天气条件不是非常适合于室外活动，而世博会需要一个室外空间，一方面可以作为室内展览的补充，另一方面很多活动都需要在室外场地举行。设计师根据世博会的特殊要求，设计了边长约40m的独立伞盖结构单元，构成了这组"大屋顶"。巨大的、透明的屋顶可以界定和遮蔽设计地段，这样很多公众性的活动，能够在露天环境中举行，不会受到不良气候的影响。由巨大的"木伞"单元组合成的大屋面，体现了木材建造的新工艺，无论在造型上还是结构上都是极具特色的景观建筑图（图4-5）。

4.1.3.3　帽子茶室

帽子茶室在是私人花园里营造的一个休闲舒适的私密空间，其体量不大，内部空间面积仅为1.8m×1.8m，可容纳一位主人和两位客人。设计将显得很矮的屋顶衬层在近乎方形的平面格局向上逐渐演变成圆形天窗的形状，力求在狭小的空间里营造独特的氛围。整个茶室选用经过木

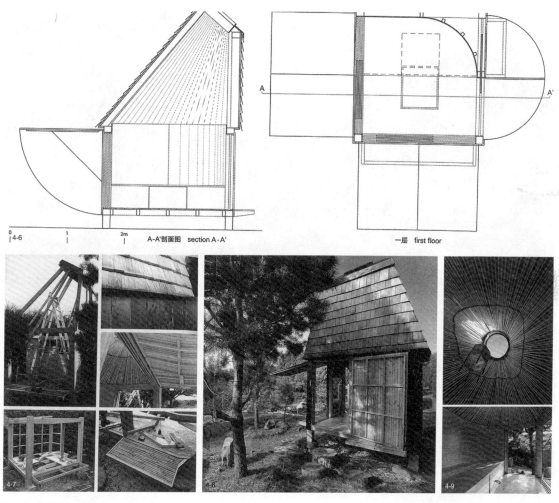

图4-6　茶室平、剖面
图4-7　施工中的茶室
图4-8　帽子茶室外观
图4-9　落叶松制成的宽凳与圆形天窗

工处理过的自然老化的材料，使空间内部保持温暖舒适。茶室高高的屋顶看起来仿佛是小花园的大帽子，传统的材料与独具匠心的设计，把茶室融入到当地的环境中（图4-6至图4-9）。

4.2　砖石与砌体结构

4.2.1　砖、瓦

建筑上使用的黏土砖、瓦一般由含杂质较多的黏土为主要坯料，烧制而成。中国建筑陶质制品的烧造和使用，在商代早期就开始了，到西周初期又创新出了板瓦、筒瓦等建筑陶质制品。

图4-10　长城

图4-11　佛罗伦萨主教堂

秦代秦始皇统一了中国，结束了诸侯混战的局面，各地区、各民族得到了广泛交流，中华民族的经济、文化迅速发展。秦时期制陶业的生产规模、烧造技术、数量和质量，都超过了以往任何时代。特别是秦代对万里长城的修筑工程，其工程之宏大，用砖之多，举世罕见图（4-10）。在欧洲，烧结砖被罗马人大力发展，巧妙地设计了许多结构形式，如位于佛罗伦萨主教堂的双层墙穹顶由几百万块砖建成，通过巨大的石块支撑着建筑主体（图4-11）。由于生产砖、瓦的原材料广泛，工艺易于操作，自古以来就被作为建筑材料使用。

4.2.1.1　砖

（1）砖的类型及适用范围

砖依据制作工艺不同分为烧结类和非烧结类两大类。

① 烧结类

a）烧结类普通砖。为无孔洞或孔洞率小于15%的实心砖。是由具有极强黏性的黏土在1000℃的高温下，煅烧而成。因为黏土中含有铁，烧制过程中铁完全氧化生成的Fe_2O_3呈红色，这就是我们最常见到的红砖；而如果在烧制的过程中加水冷却，使黏土中的铁不完全氧化而生成青色的Fe_3O_4，即青砖。青砖和红砖的硬度虽然差别不大，但青砖在抗氧化、水化、大气侵蚀等方面的性能却明显优于红砖。烧结普通砖既具有一定的强度，又因其多孔而具有一定的保温、隔热、隔声、防火、吸潮等性能，加之砖这种材料具有施工技术难度低，组砌方式多样、可形成丰富的效果，因此被广泛地运用在景观建筑内外墙体、柱、拱、烟囱、基础、路面、花池等部位。

图4-12　青砖外墙

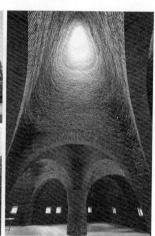

图4-13　红砖外墙

如图4-12、图4-13所示，充满雕塑感的砖砌外墙。

由于黏土材料耗费大量耕地以及煤炭，这些都属于不可再生的能源，因此黏土烧结普通砖不符合可持续发展的生态要求，目前实心黏土在中国大中城市建设中已经被禁用，砖的应用受到政策上的限制。

b）烧结类多孔砖、空心砖。为减轻砌体自重，保护农田资源，产生了不同孔洞形状和不同孔洞率的烧结类多孔砖和空心砖。由于做成部分孔洞，因此自重较轻，保温、隔热性能有了进一步改善。

多孔砖：竖孔孔洞率一般在15%~20%，以免强度降低过多影响使用。砌筑时孔洞垂直于受压面，强度较高，常用于6层以下的承重墙。

空心砖：水平孔孔洞率一般在40%~50%，以取得更好的隔热、隔声性能，砌筑时孔洞平行于受压面。强度较低，主要用于建筑物非承重部位。

② 非烧结类。是由砂、粉煤灰、煤矸石炉渣等含硅材料和石灰加水拌利，经压制成型、蒸汽养护或蒸压养护而成。常用的有灰砂砖、粉煤灰砖、炉渣砖。非烧结砖的用途因砖的强度和所含材料不同而异，在设计中应根据材料特性，合理选用各建筑部位适用的砖材。

4.2.1.2　瓦

瓦有许多不同的外形与构造，西方传统的屋面瓦有两类：一类为"S"形的"西班牙瓦"；另一类是"罗马瓦"。我们在这主要讲述中国传统景观建筑中使用最多的青瓦与琉璃瓦。

（1）青瓦

以黏土制坯焙烧而成，表面无釉，为青灰色。以圆筒形坯，切割成两半，成为两个半圆形称为筒瓦，如果

图4-14 青瓦平民化和普遍化   图4-15 青瓦现代的手法组合

切割成三等分，即成为板瓦。青瓦是我国传统建筑和园林建筑中的主要屋面材料，特别平民化和普遍化（图4-14）。它也能用现代的手法组合出更多的形式来，其弧形的形体组合更容易在几何形为主的现代景观建筑设计构成中表现一些独特、另类的景观情趣来（图4-15）。

（2）琉璃瓦

琉璃瓦是在素烧的瓦坯表面涂以琉璃釉料后再经烧制而成的制品。这种瓦表面光滑，质地坚密，色彩美丽，耐久性好，但成本较高。其颜色有黄、绿、蓝等色。在我国古代封建社会里，屋面用瓦是有等级的，黄色为最尊，只能用于皇家和庙宇，绿色琉璃瓦次，用于亲王世子和群僚贵族，一般地方贵族使用布筒瓦，普通贫民只能使用布板瓦。

（3）瓦材规格及其选用❶

清朝《工程做法则例》规定，琉璃瓦的规格按"样数"而定，从二样至九样，北京故宫为最高等级，用二样瓦，一般殿堂用五至七样。对于瓦样规格，选用王璞子先生《工程做法注释》中附表2-1，并换算成公制尺寸，编制成表4-4供设计时参考。

表4-4 清制琉璃瓦样尺寸   （cm）

瓦名		二样	三样	四样	五样	六样	七样	八样	九样
筒瓦	长	40.00	36.80	35.20	33.60	30.40	28.80	27.20	25.60
	宽	20.80	19.20	17.60	16.00	14.40	12.80	11.20	9.60
	高	10.40	9.60	8.80	8.00	7.20	6.40	5.60	4.80

❶ 本小节内容主要在田永复《中国园林建筑构造设计》等文献基础上加以综合整理.

（续）

瓦名		二样	三样	四样	五样	六样	七样	八样	九样
板瓦	长	43.20	40.00	38.40	36.80	33.60	32.00	30.40	28.80
	宽	35.20	32.00	30.40	27.20	25.60	22.40	20.80	19.20
	高	7.04	6.72	6.08	5.44	4.80	4.16	3.20	2.88
沟头	长	43.20	40.00	36.80	35.20	32.00	30.40	28.80	27.20
	宽	20.80	19.20	17.60	16.00	14.40	12.80	11.20	9.60
	高	10.40	9.60	8.80	8.00	7.20	6.40	5.60	4.80
滴子	长	43.20	41.60	40.00	38.40	35.20	32.00	30.40	28.80
	宽	35.20	32.00	30.40	27.20	25.60	22.40	20.80	19.20
	高	17.60	16.00	14.40	12.80	11.20	9.60	8.00	6.40

琉璃瓦的样数一般以筒瓦宽度, 按下述原则确定:

① 筒瓦宽度, 可按椽径大小来选定样数, 如椽径12cm, 可按筒瓦宽12.8cm, 选定为七样; 若椽径为14cm, 可选定筒瓦宽14.4, 确定为六样。

② 重檐建筑, 要求下檐比上檐减少一样, 如上檐定为六样, 则下檐应为七样。

③ 庑门建筑, 可按其檐口高度而定, 当檐口高在4.2m以下者, 采用八样, 在4.2m以上者采用七样。

布瓦规格分为: 头、二、三、十号等四种型号, 其尺寸如表4-5所示。

表4-5 清制布瓦规格

瓦名		长度		宽度		瓦名		长度		宽度	
		营造尺	cm	营造尺	cm			营造尺	cm	营造尺	cm
筒瓦	头号	1.10	35.20	0.45	14.40	板瓦	头号	0.90	28.80	0.80	25.60
	二号	0.95	30.40	0.38	12.16		二号	0.80	25.60	0.70	22.40
	三号	0.75	24.00	0.32	10.24		三号	0.70	22.40	0.60	19.20
	十号	0.45	14.40	0.25	8.00		十号	0.43	13.76	0.38	12.16

布瓦规格的选定, 也以筒瓦宽度, 按以下原则确定:

① 一般房屋按筒瓦宽度和椽径大小, 选用号数。如椽径为11cm, 可选用二号瓦（筒瓦宽为12.16cm）。如椽径为13cm以上时, 可选用头号瓦（筒瓦宽为14.4cm）。

② 采用合瓦屋面者, 按椽径大小确定号数。椽径6cm以下的按3号瓦, 6~10cm的按2号瓦, 10cm以上的按头号瓦。

③ 小型门楼按檐高确定。檐高在3.8m以下者, 按3号瓦; 3.8m以上者, 按2号瓦。

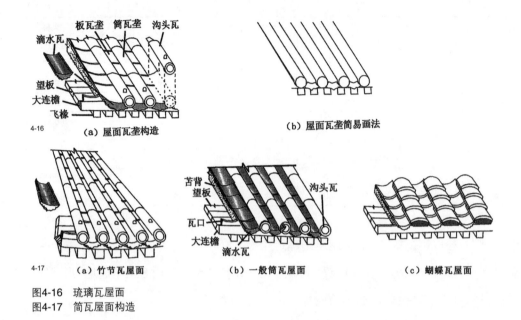

图4-16 琉璃瓦屋面
图4-17 简瓦屋面构造

（4）瓦屋面的基本构造

① 琉璃瓦。琉璃瓦屋面由筒瓦、板瓦、沟头瓦、滴水瓦、星星瓦等组成。其中星星瓦是在筒瓦背上和板瓦尾端各加有一钉孔，用在每垄筒瓦垄和板瓦垄中间，以便钉钉加强整个瓦垄的防滑作用，一般每条瓦垄用2~4块即可。瓦垄的构造如图4-16所示。

② 青瓦。青瓦屋面一般由木基层、苦背、瓦面、屋脊等部分组成。依据屋面的形式可采用竹节筒瓦、一般筒瓦、蝴蝶瓦等（图4-17）。

4.2.2 石材

天然石材是景观建筑工程应用历史最久、应用最为广泛的建筑材料之一。建筑石材是由各种岩石加工而成的，岩石是在地质作用下产生的，由一种或多种矿物按一定规律组成的自然集合体。在景观建筑工程中常用的天然石材是指从天然岩石中采得的毛石，或经加工制成的石块、石板及其他制品。

4.2.2.1 岩石的形成与分类

依据岩石的形成条件，天然岩石可分为岩浆岩（也称火成岩）、沉积岩（也称水成岩）、变质岩三大类。

岩浆岩是地壳深处的熔融岩浆上升到地表附近、或喷出地表, 经冷凝而形成的。前者为深层岩, 后者为喷出岩。深成岩构造致密、表观密度大、强度高、耐磨性好、吸水率小、耐水性好、抗冻及抗风化能力强。喷出岩为骤冷结构物质, 内部结构结晶不完全, 有时含有玻璃体物质。当喷出的岩层较厚时, 其性质类似深层岩; 当喷出的岩层较薄时, 形成的岩石常呈多孔结构, 但也具有较高的工程使用价值。

沉积岩是原来露出地面的岩石经自然风化后, 再由流水冲击沉淀而成的。沉积岩多为层状结构, 与深层岩相比致密度较差、表观密度较小、强度较低、吸水率较大、耐久性较差。

变质岩是由原生岩浆岩或沉积岩经过地壳内部高温、高压及运动等变质作用后形成。在变质过程中, 岩浆岩既保留了原来岩石结构的部分微观特征、又有变质过程中形成的重结晶特征、还有变质过程中造成的碎裂变形等特征。沉积岩经过变质过程后往往变得更为致密; 深层岩经过变质过程后往往变得更为疏松。岩石的分类及主要品种见表4-6。

表4-6　岩石的分类及主要品种

天然石材的类型		品种
岩浆岩（火成岩）	大块状	深层岩: 花岗岩、闪长岩、辉长岩等
		喷出岩: 玄武岩、辉绿岩、流纹岩等
	碎块状	散粒状: 火山灰、火山渣、浮石等
		胶结状: 火山凝灰岩等
沉积岩（水成岩）	化学沉积岩	石膏、白云石、菱镁矿等
	有机沉积岩	石灰岩、硅藻石、贝壳岩等
	机械沉积岩	散粒状: 页岩、砾石、砂黏土等
		胶结状: 砂岩、砾岩等
变质岩	岩浆岩变质岩	片麻岩等
	沉积岩变质岩	石英岩、大理岩、板岩等

4.2.2.2 景观建筑常用石材

（1）花岗岩

花岗岩不易风化、颜色美观, 外观的色泽可保持百年以上, 其硬度高、耐磨损; 在园林建筑中, 花岗岩常应用于砌筑基础、墩、柱、地面、常接触水的墙体等, 同时也是永久性建筑物或纪念性建筑物优选的材料。

有些花岗岩中含有对人体有害的放射性物质——镭、钍、氡, 长期吸入高浓度氡易诱发肺癌。通常用比活度来检测花岗岩所含放射性物质浓度的高低，一般按材料所含放射性物质的多少比活度分为A、B、C三级，A级含量低，不对人体健康有害，在园林建筑中广泛使用；B级含量较高，适用于高大、宽敞通风良好的园林建筑；C级含量高，只能用于园林建筑的外部。一般来讲，花岗岩的放射性比活度：红色>浅红色>灰白色>白色、黑色。

花岗岩在我国及世界各地分布较广且品种繁多，按其用途和加工方法可分为剁斧板材、机刨板材、粗磨板材、磨光板材。表面粗糙，具有条状斧纹的剁斧板材一般用于地面、台阶、基座处；表面平整有相互平行的机械刨纹板材常用于地面、台阶、基座、踏步、檐口等处；表面平滑、无光泽的粗磨后的板材常用于园林建筑墙面、柱面、台阶、基座、纪念碑、墓碑、铭牌等处；表面光亮，晶体裸露的磨光板材，具有鲜明的色彩和美丽的花纹，多用于景观建筑室内外墙面、地面、立柱等处。

（2）大理石

天然大理石是由方解石或白云石在高温、高压等地质条件下重新结晶变质而成的变质岩，属于中硬石材，其主要成分为碳酸钙及碳酸镁。由于大理石主要组成成分为碱性物质，容易被酸性物质所腐蚀，特别是大理石中的有色物质很容易在大气中溶出或风化，失去表面的原有装饰效果，因此，多数大理石不宜用于园林建筑外部。

通常质地纯正的大理石为白色，俗称汉白玉，是大理石中的优良品种。当在变质过程中混有有色杂质时，就会出现各种色彩或斑纹，从而产生了众多的大理石品种，如艾叶青、雪花、碧玉、彩云、墨玉等。与花岗岩相比，大理石更适于景观建筑室内及装修、雕刻、工艺品等。

（3）青石

青石主要由浅灰色厚层鲕状岩和厚层鲕状岩夹中豹皮灰岩组成，面呈青灰色，所以称为青石。青石学名石灰岩，主要成分为碳酸钙及黏土、氧化硅、氧化镁等。青石相对于花岗岩等天然石材来说材质较软，易于劈制成面积不大的薄板，由于石灰岩在我国各地都有产出，因此，景观建筑中的地面、墙体、民间小巷多以青石铺就，非常质朴自然。如图4-18所示，丽江古城青石铺就的巷道；图4-19在当代建筑设计中采用中式传统建筑中常用的青石，通过对材料的恰当选用，体现了建筑设计对传统精神融入现代生活模式的一种尝试与探索。

4.2.2.3　石材的选用原则

石材具有良好的砌筑性能和装饰性能，特别是在耐久性方面，是其他材料难以比拟的。图4-20，泉州鼎立雕刻馆外立面选用当地易采的普通花岗岩垒叠而成；图4-21石材与木材两种

图4-18　丽江古城青石铺就的巷道
图4-19　当代建筑设计中采用的青石
图4-20　泉州鼎立雕刻馆外立面
图4-21　石材与木材两种材料穿插处理

材料穿插处理，体现出建筑生长于大地的自然感天然石材也具有成本高、自重大、部分使用性能较差等方面的缺陷。因此，在选择石材时应遵循以下原则：

（1）综合成本

考虑一次性投资与长期维护费用、当地材料价格、施工成本等方面对工程的影响。

（2）石材物理力学性能与耐久性

石材的强度、热物理性能、耐磨性与耐风化能力等耐久性指标，是否满足使用要求；是否与

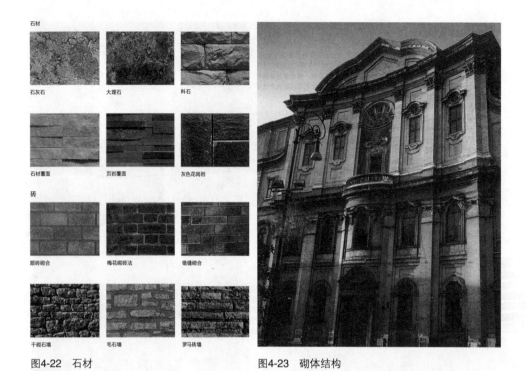

图4-22　石材　　　　　　　　　　　　　图4-23　砌体结构

景观建筑的设计要求及环境相适应。

（3）装饰性

与其他材料相比，选择石材的装饰效果是否最佳；这种装饰效果是否与环境条件相协调；所选石材的品种、色彩、表面质感或光泽是否能达到较理想的效果（图4-22）。

4.2.3　砌体结构

4.2.3.1　砌体结构的特点

利用砖、石作为建筑竖向承重和抵抗侧向力的结构，称为砌体结构。由于实墙为主要承重构件，要求实墙竖向连续，且不宜开洞太大，因此这类结构墙体上下贯通，立面门窗洞口上下对齐、规则、统一。故建筑造型简洁、规整、平直、变化少（图4-23）。

4.2.3.2　砌体结构的适用范围

普通砌体结构承载力较低、自重大、抗震性能差主要适用于多层民用建筑和单层厂房。我国现行《建筑抗震设计规范》（GB 50011—2010）对砌体房屋总高度和层数限制的规定见表4-7。

表4-7 砌体房屋的层数和总高度限制（m）

房屋类别		最小厚度（mm）	烈度							
			6		7		8		9	
			高度	层数	高度	层数	高度	层数	高度	层数
多层砌体	普通砖	240	21	7	21	7	18	6	12	4
	多孔砖	240	21	7	21	7	18	6	9	3
	多孔砖	190	21	7	18	6	15	5	—	—
	小砌块	190	21	7	21	7	18	6	—	—

4.3 混凝土与钢筋混凝土结构

4.3.1 混凝土

混凝土在建筑工程中的使用可以追溯到古老的年代，早在公元125年古罗马时期，罗马万神庙的混凝土穹顶，可以说是原始混凝土的经典之作。文艺复兴时期，在维特鲁威的《建筑十书》中曾提到过这种材料的用法。现代意义上的混凝土直到19世纪才出现——由胶凝材料（水泥）、粗细骨料（砂、石）和水按适当比例配制，再经硬化而成的人工材料。1824年英国人发明了波特兰水泥，这大大增强了混凝土的强度，1845年以后投入工业化生产。

混凝土主要具有可塑性，体积感和可连续性的特点，图4-24，能根据需要混合成任何强度。而组成混凝土材料中砂、石及水占混凝土材料的80%以上，因此混凝土成本较低且可就地取材，在建筑工程中用途极为广泛。近年来，随着各种生产与加工技术，特别是复合材料技术使混凝土性能不断改善，出现了许多种类繁多，性能优良的混凝土。在这些混凝土中，从不同的角度可以划分为以下几类：

4.3.1.1 按混凝土的构成分类

① 普通混凝土。以碎石或卵石、砂、水泥和水制成的混凝土称为普通混凝土；

② 细粒混凝土。由细集料和胶结材料制成，主要用于制造薄壁构件、楼地面后浇层、表面装饰混凝土等；

③ 大孔混凝土。由粗集料和胶结材料制成，集料外包胶结材料，集料彼此以点接触，集料之间有较大的空隙，这种混凝土主要用作保温或填充材料；

④ 多孔混凝土。这种混凝土无粗集料，全由磨细的胶结材料和其他料粉加水拌成浆料，用

图4-24 混凝土的特点

机械方法或化学方法使之形成许多微小的气泡后再经硬化制成，它主要用做填充、隔音或保温材料。

4.3.1.2 按混凝土的表观密度分类

① 特重混凝土。表观密度大于2800kg/m³，主要用做防辐射的屏蔽结构或表面耐磨材料等;

② 普通混凝土。表观密度在2000~2800kg/m³之间，主要用于各种承重结构;

③ 轻混凝土。表观密度在500~2000kg/m³之间，包括轻集料混凝土（表观密度在800~2000kg/m³）和多孔混凝土（表观密度在500~800kg/m³），主要用于保温围护结构或保温承重结构;

④ 特轻混凝土。表观密度在500kg/m³以下的多孔混凝土和用特轻集料（如膨胀珍珠岩、膨胀蛭石、泡沫塑料等）制成的轻集料混凝土，主要用做保温、隔热或隔音材料。

4.3.2 装饰混凝土

混凝土不仅是一种耐久性良好的结构材料，而且可以是装饰性能优良的材料。装饰混凝土充分利用混凝土塑性成型，材料构成的特点，在混凝土墙体、构件成型时，可采取正打工艺（即混凝土墙板浇筑后，在混凝土表面再压轧成各种线条或花饰）或反打工艺（即在混凝土墙板浇筑成型前，于模底设置各种线性或花饰的衬模后再浇筑混凝土），形成能同时满足结构、热工与装饰要求的综合功能墙板。装饰混凝土制作工艺简单合理，充分利用和体现了混凝土的内在素质与独特的建筑效果，能较好地把构件制作和装饰处理相互统一起来，创造出丰富多彩的纹理和质感，景观建筑常用的装饰混凝土有以下几种：

4.3.2.1 清水混凝土

清水混凝土产生于20世纪20年代，属于一次性浇注成型，面层不需要再做任何的外装饰，直接采用现浇混凝土的自然表面效果作为饰面。清水混凝土的施工操作必须精细，通常对所用模板、混凝土的质量要求十分严格，拆除模板后的清水混凝土表面要保持很好的平整度，不能有明显的黏膜斑痕和色泽差别。清水混凝土材料与生俱来的装饰性特征——柔软感、刚硬感、温暖感，是一些建筑材料所无法比拟的。例如，有"清水混凝土诗人"之称的安藤忠雄在"光之教堂"设计中，采用高超的木模制造工艺、优质的混凝土铸造以及严格的工程管理，把原本厚重、表面粗糙的混凝土，转化成一种细腻精致的纹理，以一种绵密、近乎均质的质感来呈现，为建筑外观营造了一种坚实与轻盈之感（图4-25）。

4.3.2.2 彩色装饰混凝土

普通水泥混凝土多为灰色外观，为改变这种单调的颜色，常采用白色水泥、彩色水泥、彩色集料等改变颜色，以达到所期望的外观效果。例如，卡拉特拉瓦设计的瓦伦西亚艺术与科学城，采用白色混凝土浇筑与当地的传统工艺组合在一起，形成建筑的表面。白色的建筑与瓦伦西亚的湛蓝的天空形成对比，回应了当地的环境（图4-26）。对于彩色装饰混凝土在景观建筑设计中的运用，路易斯·巴拉甘的许多设计作品中都有体现。例如，在圣·克里斯多巴尔住宅庭院设计中，围合住宅庭院的院墙采用了玫瑰红和土红的墙体，各个墙体之间在色彩上形成对比，同时，鲜艳的墙体犹如景观的画框一样，带给人一种抽象画般的享受（图4-27）。

图4-25　光之教堂
图4-26　瓦伦西亚艺术与科学城

图4-27　圣·克里斯多巴尔住宅庭院　　　　　　　　　　　　　　　　图4-28　图案装饰混凝土

4.3.2.3 图案装饰混凝土

利用表面图案可以掩饰混凝土单调的外观，优美的图案可以产生良好的装饰效果（图4-28）。

4.3.3 钢筋混凝土结构

4.3.3.1 钢筋混凝土的基本概念和发展概况

混凝土的抗压强度很高，但抗拉强度很低，在拉应力处于很小的状态时即出现裂缝，影响了构件的使用，为了提高构件的承载能力，1848年法国人发明了钢筋混凝土，即在构件中配置一定数量的钢筋，用钢筋承担拉应力而让混凝土承担压力，发挥各自材料的特性，从而可以使构件的承载能力得到很大的提高。这种由混凝土和钢筋两种材料组合成的构件，就成为钢筋混凝土结构。

从现代人类的工程建设史上来看，相对于砌体结构、木结构而言，钢筋混凝土结构是一种新型结构，钢筋混凝土结构是在19世纪中期开始得到运用的，由于当时水泥和混凝土的质量都很差，同时设计计算理论尚未建立，所以发展比较缓慢。直到19世纪末以后，随着生产的发展、实验工作的开展、计算理论的研究、材料及施工技术的改进，这一技术才得到较快发展，钢筋混凝土开始成为改变整个世界景观的重要材料。

4.3.3.2 钢筋混凝土结构特点

① 节约钢材，降低造价，由于合理地利用了混凝土和钢筋两种材料的特性，使构件强度较高，刚度较大，比起钢结构来可节约钢材；

② 耐久性和耐火性较好，由于混凝土对钢筋起到保护作用，使构件的耐久性和耐火性明显优于钢结构；

③ 可塑性好，钢筋混凝土可根据需要浇筑成各种形状；

④ 现浇钢筋混凝土结构整体性好、刚度大，又具有一定的延性，适用于抗震结构；

⑤ 可以就地取材，钢筋混凝土中的砂、石一般可就地取材，降低造价。

由于钢筋混凝土具有以上优点，因此，在园林景观建筑结构工程中得到了广泛应用。但钢筋混凝土结构存在着自重大，构件断面大、抗裂性差、隔热隔声性能差、施工周期较长且施工过程中湿作业多，其主要建筑材料基本不可再生循环，对环境的负面影响较大。

4.3.3.3 钢筋混凝土结构的适用范围

钢筋混凝土结构根据抗侧力体系各自的特点，形成了不同的结构体系。大致可分为下面几种结构体系：纯框架体系、框架-抗震墙体系、抗震墙体系、框架-核心筒体系、筒中筒体系。纯框架结构体系可提供较大的内部空间，使园林建筑平面设计灵活多变，一般来讲，经济合理的柱网在4~9m之间，在进行风景园林建筑设计时，应根据建筑功能要求，确定合理的柱网尺寸。根据景观建筑的设计高度，选用钢筋混凝土结构形式时，应符合表4-8的规定。

表4-8　钢筋混凝土结构的最大适用高度　　　　　　　　　　　　　　　　　　　　　　（m）

结构体系		非抗震设计	抗震设防烈度			
			6度	7度	8度	9度
框架		70	60	55	45	25
框架—剪力墙		140	130	120	100	50
剪力墙	全部落地剪力墙	150	140	120	100	60
	部分框支剪力墙	130	120	100	80	不应采用
筒体	框架—核心筒	160	150	130	100	70
	筒中筒	200	180	150	120	80
板柱—剪力墙		70	40	35	30	

4.3.4　建筑实例

法国芒通，让·科克托博物馆。芒通位于法国东南角，它不仅是一个充满度假气氛的小城市，同时还是展示各种建筑的天然橱窗。让·科克托博物馆为了与小镇的城市结构与特色相匹配，设计师采用混凝土来建立一种沟通式表皮，故意歪曲材料的静态属性。混凝土外围护结构在边缘被撕扯，将平屋顶的延续表面转化成一个拱廊状的超大有机柱列，寻求作为一个庞大的城市雕塑图标融入城市肌理的恰当结合体。图4-29，透过柱列可看到山顶圣米歇尔大教堂（Basilique Saint–michel）钟楼。

图4-29　圣米歇尔大教堂（Basilique Saint-michel）钟楼

4.4　钢材和钢结构

4.4.1　钢材

在建筑工程中,应用量最大的金属材料为建筑钢材。建筑钢材包括建筑工程中使用的各种钢质板、管、型材,以及在钢筋混凝土中使用的钢筋、钢丝等。建筑钢材按化学成分、冶炼脱氧程度、钢中有害杂质含量等不同,可分为表4-9中的几类。

表4-9　钢材的分类

钢的化学成分	碳素钢	低碳钢（含碳小于0.25%），多为建筑结构用钢
		中碳钢（含碳量0.25%~0.6%）多用于机械结构中制造重要的螺钉和螺母等
		高碳钢（含碳大于0.6%），多用于制造弹簧、齿轮等
	合金钢	低合金钢（合金元素总量小于5%），强度较高，塑性、韧性及可焊性等均较好，使用寿命和使用范围远远优于碳素钢
		中合金钢（合金元素总量5%~10%），用于高温螺栓、螺母等
		高合金钢（合金元素总量大于10%）
冶炼过程中脱氧程度		沸腾钢（脱氧不充分），可焊性、冲击韧性较差
		半镇静钢（脱氧介于沸腾钢与镇静钢之间），可焊性、冲击韧性介于沸腾钢和镇静钢之间
		镇静钢（脱氧充分），可焊性、冲击韧性较好
		特殊镇静钢（比镇静钢脱氧更充分彻底），可焊性、冲击韧性好
钢中有害杂质含量		普通钢：硫、磷及其他非金属夹杂物的含量较高
		优质钢：硫、磷及其他非金属夹杂物的含量较低
		高级优质钢：硫、磷含量较优质钢更低，力学及工艺性能优于优质钢
钢的用途		结构钢：一般用于承载等用途
		工具钢：用于制造切削刀具、量具、模具等
		特殊性能钢：具有特殊物理或化学性能，用来制造除要求具有一定的机械性能外，还要求具有特殊性能的零件

4.4.2　钢结构的特点及适用范围

钢结构通常由钢板和型钢等制成的柱、梁、桁架、板等构件组成,各部分之间用焊缝、螺栓或铆钉连接,是主要的建筑结构之一。钢结构在使用过程中要受到各种形式的作用,这就要求钢材具有抵抗各种作用而不产生过大变形和不会引起破坏的能力。

4.4.2.1 钢结构的特点

由于钢材的特性,钢结构具有以下几方面特点:

① 钢材为柔性材料,弹性系数较钢筋混凝土结构大,因此对于抗风、抗震效果较钢筋混凝土建筑好。强度高,结构自重轻,可以做成跨度较大的结构;

② 塑性、韧性好,对动荷载的适应性较强;

③ 钢材的材质均匀、各向同性,结构的可靠性高;

④ 具有可焊性,使钢结构的连接大为简化,适应于制造各种复杂形状的结构;

⑤ 钢结构的制作主要在专业化金属结构厂进行,因而制作简便,精度高,装配化程度高,工期短;在工厂内预制生产的另一优点为建材品质控制良好,使建材品质能保持稳定的水准,消除偷工减料的疑虑。

⑥ 钢材内部组织很致密,无论采用焊接、螺栓或铆钉连接,都容易做到紧密不渗漏,密封性好;

⑦ 钢结构耐热不耐火,当周围使用温度超过150℃时,结构强度明显下降,当温度达500~600℃时,强度几乎为零;

⑧ 钢材在潮湿环境中,特别是处于有腐蚀性介质环境中容易锈蚀,需要定期维护,增加了维护费用。

4.4.2.2 钢结构的适用范围

① 大跨度结构。钢结构强度高、重量轻,特别适合于大跨度结构,如大会堂、飞机装配车间等。

② 重型工业厂房。

③ 因钢材有良好的韧性,适用于受动力荷载影响的结构。

④ 高层建筑和高耸结构。

⑤ 钢结构重量轻,便于拆装,适用于可拆卸的移动结构。钢结构建筑在达到使用年限而必须加以拆除时,其主要的钢结构体可完全回收再利用,可减小对环境造成二次负荷。

4.4.3 建筑实例

4.4.3.1 法国—里昂高速火车站

里昂高速火车站中间由钢结构组成的车站大厅,给人一种轻盈和向上的感觉(图4-30a),与大厅下方横穿的混凝土结构站台组成不同的建筑空间性格(图4-30b),通过建筑自身构件

图4-30　里昂高速火车站
图4-31　青庐

的材料和形式变化，引导不同人群的方向，将旅行换乘成为一种难忘的体验（图4-30c）。

4.4.3.2　大理双廊—青庐

青庐位于大理三岛之一的玉几岛上，设计师有效利用玻璃和钢两种材料的构造工艺美学特征来构建整个居住空间，特别是建在岩石上的观景廊，玻璃和钢组成的透明长廊削弱了庭院里视觉上的闭合感，使整个建筑在视觉感受上完全是开敞的，给人一种行走在自然中的感觉（图4-31）。

4.4.3.3　德国—柏林议会大厦

柏林议会大厦的改建恢复工程，应用新的钢结构体系，将圆钢顶穿到原有建筑的结构中，使玻璃穹顶与原有建筑体完美结合，让建筑在构图上趋于完整。在这个可行的拱顶中，人可以仰视蓝天，也可以俯瞰议会厅，玻璃的使用形成的透明建筑，蕴涵了议会大厦民主透明性的寓意（图4-32）。

4.5　大跨度景观建筑结构形式❷

大跨度建筑通常是指跨度在30m以上的建筑，目前我国相关结构设计规范将60m以上的

❷　这部分内容根据《建筑构造》下册 第3章整理.

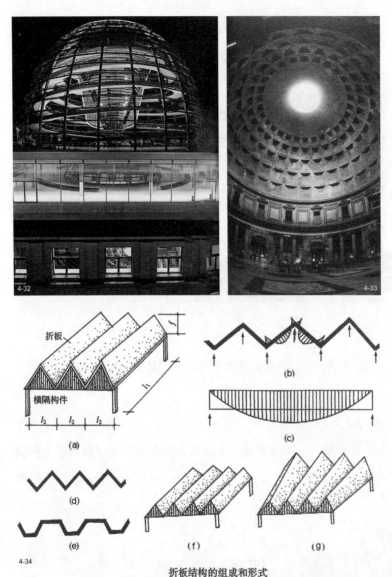

折板结构的组成和形式
（a）折板组成；（b）沿波长方向折板如同一连续板；（c）沿跨度方向折板如同一简支梁；
（d）三角形断面折板；（e）梯形断面折板；（f）平行折板；（g）扇形折板

图4-32　柏林议会大厦
图4-33　罗马万神庙
图4-34　折板结构的组成和形式

建筑定为大跨度。

　　大跨度建筑在古罗马已经出现，如公元120—124年建成的罗马万神庙，图4-33天然混凝土浇筑而成穹顶直径达43.3m，彰显了罗马穹顶技术典范。大跨度建筑真正得到发展是在19世纪后半叶以后，一方面是由于社会发展使建筑功能愈来愈复杂，需要建造高大的建筑空间来满足举办各种博览会、大型的文艺体育表演等；另一方面则是新材料、新结构、新技术的出现，促进了大跨度建筑的进步。特别是近几十年来新品种的钢材和水泥在强度方面有了很大提高，各种轻质高强材料、新型化学材料、高效能防水材料、高效能绝热材料的出现，为各种新型的大跨度结构和各种造型新颖的大跨度园林建筑创造了更有利的物质技术条件。

大跨度景观建筑主要用于大型公共建筑，如展览馆、大会堂等，本节将就常见的大跨度景观建筑的结构形式与造型的问题进行论述。

4.5.1 折板结构与建筑造型

折板结构是以一定倾斜角度整体相连的一种薄板体系。折板结构通常用钢筋混凝土建造，也可用钢丝网水泥建造。

4.5.1.1 受力特点及适用范围

折板结构由折板和横隔构件组成［图4-34（a）］。在波长方向，折板犹如一块折叠起伏的钢筋混凝土连续板，折板的波峰和波谷处刚度大，可视为连续板的各支点［图4-34（b）］。在跨度方向，折板如同一钢筋混凝土梁［图4-34（c）］，其强度随折板的矢高增加而增加。横隔构件的作用是将折板在支座处牢固地结合在一起，如果没有它，折板会坍塌而破坏。横格构件可根据建筑造型需要来设计。折板的波长一般不应大于12m，否则板太厚，不经济。

跨度与波长之比大于等于1时称为长折板，小于1时称为短折板。为了获得良好的力学性能，长折板的矢高不宜小于跨度的1/10~1/5，短折板的矢高不宜小于波长的1/8。

折板结构呈空间受力状态，具有良好的力学性能，结构厚度薄，省材料，可预制装配，省模板，构造简单。可用于大跨度的屋顶建造，也可用作外墙。

4.5.1.2 折板结构型式

折板结构按波长数目的多少分为单波和多波折板；按结构跨度的数目有单跨与多跨之分；按结构断面形式可分为三角形折板和梯形折板［图4-34（d）、（e）］；按折板的构成情况，可分为平行折板和扇形折板［图4-34（f）、（g）］。平行折板构造简单，最常用。扇形折板一端的波长较小，另一端的波长较大，呈放射状，多用于梯形平面的建筑。

4.5.1.3 折板结构的建筑造型

由于折板结构构造简单，又可预制装配施工，故被广泛用于工业与民用建筑，可用于矩形、方形、梯形、多边形、圆形等平面。由折板结构建造的房屋，造型新颖，具有独特的外观。

4.5.2 网架结构与建筑造型

网架是一种由很多杆件以一定规律组成的网状结构。

4.5.2.1 受力特点及适用范围

① 杆件之间互相起支撑作用，形成多向受力的空间结构，故其整体性强、稳定性好、空间刚度大，有利于抗震；

② 当荷载作用于网架各节点上时，杆件主要承受轴向力，故能充分发挥材料的强度，既可节省材料，又可减轻自重；

③ 网架结构计算高度小，可有效地利用空间；

④ 结构杆件规格统一，有利于工厂化生产；

⑤ 网架形式多样，能覆盖各种形状的平面，又可设计成各种各样的体形，创造丰富多彩的建筑形式。

网架结构既适用于大跨度公共建筑，如体育馆、展览馆等，又适用于中小跨度的建筑。

4.5.2.2 网架结构型式

按不同分类方式网架结构的分类见表4-10。

表4-10　网架结构型式

网架分类	按外形	平板网架
		曲面网架
	按结构层数	双层（上下两层弦杆，是最常用的网架结构形式）
		三层（上中下三层弦杆，强度和刚度都比双层网架提高很大）
	按支撑方式	周边支撑
		多边支撑（二边、三边、四边等）
		多点柱支撑
	按节点安装形式	焊接（采用空心钢球，用焊接的方式连接而成）
		螺栓连接（采用带螺纹的多孔钢球，用高强度螺栓连接而成）

平板网架多采用钢管或角钢制作。曲面网架可采用木、钢、钢筋混凝土制作。平板网架自身不产生推力，支座为简支，构造比较简单，可适用于各种形状的建筑平面，所以应用最广泛。曲面网架多数是有推力的结构，支座条件比较复杂，但外形美观，建筑造型独具特色。

4.5.2.3 网架结构的建筑造型

网架结构的建筑造型主要受两个因素的影响，一是网架的形式；二是网架的支承方式。平板

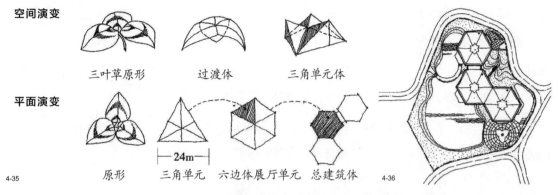

空间演变

三叶草原形　　过渡体　　三角单元体

平面演变

4-35　　原形　　三角单元　六边体展厅单元　总建筑体　　4-36

4-37

图4-35　构思图
图4-36　总图
图4-37　外观

网架的屋顶一般是平屋顶，但建筑的平面形式可多样化。拱形网架的建筑外形呈拱曲面，但平面形式往往比较单一，多为矩形平面。穹形网架的外形独具特色，平面为圆形或其他形状、外形呈半球形成抛物面圆顶。

网架的支承方式对建筑造型是一个重要的影响因素。网架四周或为墙，或为柱，或悬挑，或封闭，或开敞。应根据建筑的功能要求、跨度大小、受力情况、艺术构思等因素确定。

昆明世博园"人与自然馆"，平面由3个六边形组合形成，上部结构采用轻巧的全网架结构形式，屋面落地与大地相接，兼顾了立面造型与采光的要求，充分发挥屋面第五立面的功能，建筑本身就成了世博园的一件精致的展品（图4-35至图4-37）。

4.5.3 悬索结构与建筑造型

悬索结构用于大跨度建筑是受悬索桥梁的启示。图4-38美国加利福尼亚旧金山金门大桥，20世纪50年代以后，由于高强钢丝的出现，国外开始用悬索结构来建造大跨度建筑的屋顶。

4.5.3.1 受力特点及适用范围

悬索结构由索网、边缘构件和下部支撑结构三部分组成，悬索结构利用钢索来受拉、钢筋混凝土边缘构件来受压受弯，节省大量材料，减轻结构自重；由于主要构件承受拉力，其外形与一般传统建筑迥异，因而其建筑造型给人以新鲜感，且形式多样，可适用于方形、矩形、椭圆形等不同平面形式。悬索结构自重轻，受力合理，在跨度巨大的空间里不需要在中间加支点，为大跨度园林建筑的灵活安排创造了非常有利的条件；但悬索结构在强风吸引力的作用下容易丧失稳定而破坏，在设计中应注意其适用条件。

4.5.3.2 悬索结构形式

悬索结构按其外形分为单曲面悬索和双曲面悬索，按索网的布置方式分为单层悬索与双层悬索。一般来讲，单曲面悬索结构在大跨度景观桥梁中运用较多，而其他的悬索结构，在60~150m跨度范围内，主要用来覆盖体育馆、大会堂、展览馆等建筑的屋顶 [图4-39 (a)]。

（1）单层曲面悬索结构

单层曲面悬索结构由许多相互平行的拉索组成，像一组平行悬吊的缆索，屋面外表呈下凹的圆筒形曲面 [图4-39 (b)]。拉索两端的支点可以是等高和不等高的，边缘构件可以是梁、桁架、框架，下部支承结构为柱。单层曲面悬索结构构造简单，但抗振动和抗风性能差。

（2）双层单曲面悬索

双层单曲面悬索也是由许多相互平行的拉索组成，但与单层曲面拉索不同的是，每一拉索均为曲率相反的承重索和稳定索构成 [图4-39 (c)]。承重索与稳定索之间用拉索拉紧，整体刚度增强，比单层曲面悬索结构的抗风性能好。

单层曲面悬索结构和双层单曲面悬索结构形式适用于矩形平面，而且多布置成单跨。

（3）双曲面轮辐式悬索结构

双曲面轮辐式悬索结构为圆形平面，设有上下两层放射状布置的索网，下层索网承受屋面荷载，为承重索，上层索网起稳定作用，为稳定索，两层索网均固定在内外环上，所以称之为轮辐式悬索结构。

轮辐式悬索结构在圆形平面建筑中较常用 [图4-39 (d) ～ (f)]。

（4）双曲面鞍形悬索结构

这种悬索结构由两组曲率相反的拉索交叉组成索网，形成双曲抛物面，外形像马鞍，故称为鞍形悬索结构 [图4-39 (g) ～ (j)]。向下弯曲的索为承重索，向上弯曲的索为稳定索。

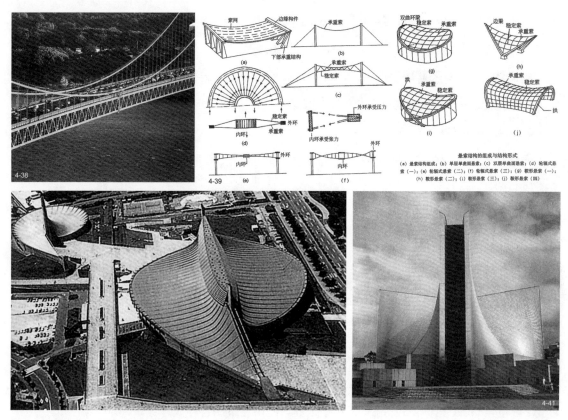

图4-38　加利福尼亚旧金山金门大桥
图4-39　悬索结构的组成与结构形式

图4-40　东京代代木体育馆
图4-41　东京圣玛利亚大教堂

4.5.3.3 悬索结构的建筑造型

悬索结构的造型是以几何曲面图形为特征,主要表现在两个方面:一是悬索只能受拉不能受压,外形大多呈凹曲面;二是悬索结构是由两种不同材料的构件组成,即钢索网和混凝土边缘构件,索网的曲面形式多样,边缘构件的形式各异,只要变动其中一种,就能创造出与基本形式截然不同的造型(图4-40、图4-41)。

4.5.4　薄壳结构与建筑造型

自然界某些动植物的种子外壳、蛋壳、贝壳,可以说是天然的薄壳结构,人们从这些天然壳体中受到启发,利用混凝土的可塑性,创造出各种形式的薄壳建筑。

4.5.4.1　受力特点及适用范围

薄壳结构是利用混凝土等刚性材料以各种曲面形式构成的薄板结构,呈空间受力状态,主要承受曲面内的轴向力,而弯矩和扭矩很小,所以混凝土强度能得到充分利用。薄壳结构具有自重轻、省材料、跨度大、外形多样的优点,可用来覆盖各种平面形状的建筑屋顶。但大多数薄壳结构的形体复杂,多采取现浇施工,费工、费时、费模板,且结构计算较复杂,不宜承受集中荷载,这些缺点在一定程度上影响了它的推广使用。

4.5.4.2 薄壳结构形式

薄壳结构形式很多,常用的有筒壳、圆顶壳、双曲扁壳、鞍形壳等。

(1)筒壳

筒壳由壳面、边梁、横隔件三部分组成[图4-42(a)],筒壳为单曲面薄壳,形状较简单,便于施工,是最常见的薄壳形式。

(2)圆顶壳

圆顶壳由壳面和支撑环两部分组成[图4-42(b)],由于圆顶壳具有很好的空间工作性能,很薄的圆顶可以覆盖很大的空间,可用于大型展览馆、会堂等建筑。

(3)双曲扁壳

双曲扁壳由双向弯曲的壳体和四边的横隔构件组成[图4-42(c)],双曲扁壳受力合理,厚度薄,可覆盖较大的空间,较经济,适用于工业与民用建筑的各种大厅或车间。

(4)双曲抛物面壳

双曲抛物面壳由壳面和边缘构件组成,外形特征犹如一组抛物线倒悬在两根拱起的抛物线之间,形如马鞍,故又称鞍形壳[图4-42(d)],如从双曲抛物面壳上切取一部分,可以做成各种形式的扭壳[图4-42(e)、(f)]。

4.5.4.3 薄壳结构的建筑造型

薄壳结构的建筑造型是以各种几何曲面图形为基本特征,在造型上独具特色,容易给人以新奇感,突出建筑物的个性。图4-43,西班牙瓦伦西亚艺术与科学城天文馆,图4-44,澳大利亚悉尼歌剧院。

4.5.5 膜结构与建筑造型

膜结构是20世纪中期发展起来的一种可使建筑与结构完美结合的新型张力结构体系。它目前已是大跨度空间建筑的主要结构形式之一。

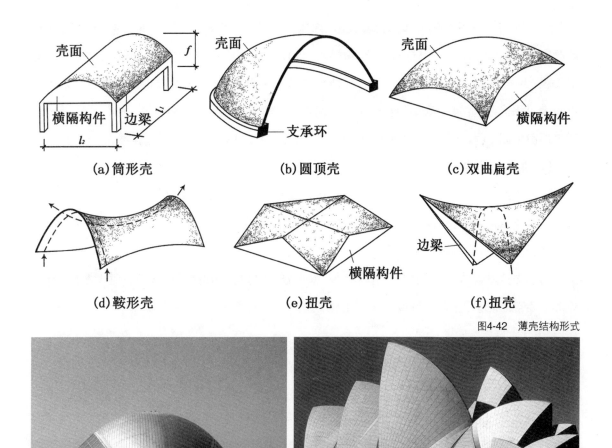

(a) 筒形壳   (b) 圆顶壳   (c) 双曲扁壳

(d) 鞍形壳   (e) 扭壳   (f) 扭壳

图4-42 薄壳结构形式

图4-43 瓦伦西亚艺术与科学城天文馆   图4-44 悉尼歌剧院

4.5.5.1 受力特点及适用范围

膜结构采用具有优良性能的柔软织物为膜材，由膜内的空气压力支承膜面（充气式膜结构），或利用钢索，或刚性支承结构向膜内施加张力（张拉膜结构），从而形成具有一定刚度、能够覆盖大空间的结构体系。

（1）充气式膜结构

充气膜结构是利用薄膜材料制成气囊，充气后形成建筑空间，并承受外力，充气膜结构在任何情况下都必须处于受拉状态才能保持结构的稳定，所以它总是以曲线和曲面来构成自己独特的外形。

充气膜结构兼有承重和维护双重功能,大大简化了建筑构造。充气后的膜均匀受拉,能充分发挥材料的力学性能,省材料,加之薄膜本身很轻,因而可以覆盖巨大的空间。这种结构的造型美观,且能适用于各种形状的平面。膜结构材料的透明度高,即使跨度很大的建筑不设天窗也能满足采光要求;膜材表面的灰尘可以靠雨水的自然冲洗达到自洁的效果。图4-45,英国康沃尔郡伊甸园工程,表面覆盖的膜即能经受温度剧烈变化,同时还可以透过自然光。

(2)张拉膜结构

张拉膜结构是利用骨架、网索将各种现代薄膜材料绷紧形成建筑空间的一种结构,柔软的薄膜不能承受荷载,它只有绷紧后才能受力,所以这种结构只能承受拉力,且在任何状态下都必须保持受拉状态,否则就会失去稳定。

由于张拉薄膜结构轻巧柔软、透明度高、采光好、省材料、构造简单、安装快速、便于拆迁、外形千姿百态。适用于临时性或半永久性景观建筑(图4-46)。

4.5.5.2 膜结构形式

充气膜结构分为气承式和气肋式两种。

(1)气承式充气膜结构

依靠鼓风机不断地向气囊内送气,只要略保持正压就可维持其体形。气承式充气膜结构属于低压充气,薄膜基本上是均匀受力,可充分发挥材料的力学性能,故气承式充气薄膜结构应用较广。

(2)气肋式充气膜结构

以密闭的充气薄膜做成肋,并达到足够的刚度以便承重,然后在各气肋的外表面再敷设薄膜作围护,形成一定的建筑空间。气肋式充气膜结构属于高压充气,气肋的竖直部分受压,而横向部分受弯,故气囊的受力不均匀,不能充分发挥薄膜材料的力学性能。

4.5.5.3 膜结构的建筑造型

(1)充气式膜结构

充气式膜结构只有在受拉绷紧的状态下才能保持结构的稳定,充气结构靠压缩空气注入气囊中将薄膜鼓胀成型,其建筑形体主要由向外凸出的双曲面构成,充气膜结构的建筑造型随建筑平面的形状和固定薄膜的边缘构件形式等因素变化而变化。

(2)张拉膜结构

张拉膜结构与充气式膜结构一样都是在受拉绷紧的状态下才能保持结构的稳定,因此建筑

图4-45 康沃尔郡伊甸园工程
图4-46 张拉膜结构
图4-47 德国奥林匹克公园游泳馆
图4-48 内蒙古响沙湾莲花酒店

的形体全部由双曲面构成，形体随撑竿的数目和位置、索网牵引和锚固的方向、部位等因素变化而变化。建筑造型自由灵活，完全可以按设计者的意图构图。图4-47，德国奥林匹克公园游泳馆，帐篷薄膜屋顶设计，减少了建筑对绿地在视线上的分割，流线型的建筑造型与公园布局浑然一体，使巨大的体育建筑变得更接近人的尺度，营造出一座幽雅宜人的体育公园。图4-48，内蒙古响沙湾莲花酒店，在建筑上盖了层膜结构，有效遮挡了沙漠强烈的阳光，减少建筑能耗，膜结构形成的"莲花"造型与沙漠大地景观融为一体。

本章小结

　　景观建筑的根本在于建造，在于设计师应用材料并将之构筑成整体的创作过程和方法，建筑结构与材料构造既是技术的，也是艺术的，可以关乎景观建筑最终的艺术效果。建筑的材料构造和工艺的细节构成了人们近距体验与感受建筑美感的要素，施工建造后所形成的材料肌理，直接构成了景观建筑外观的特征和景观建筑形象的技术表达。本章通过对景观建筑建造常见的结构形式及材料从构成原理到建成实例的分析阐述，以增强初学者对材料和工艺美学的意识及运用。

推荐阅读：

1. 田永复. 2009. 中国园林建筑构造设计[M]. 2版. 北京: 中国建筑工业出版社.

2. 洛兰·法雷利. 2010. 构造与材料[M]. 大连: 大连理工大学出版社.

3. 竹中工务店设计部. 2004. 景观设计与细部[M]. 苏利英, 译. 北京: 中国建筑工业出版社.

参考文献

王向荣, 林箐. 2002. 西方现代景观设计的理论与实践[M]. 北京: 中国建筑工业出版社.

吴家骅. 1999. 景观形态学[M]. 叶南,译. 北京: 中国建筑工业出版社.

刘福智. 2003. 景园规划与设计[M]. 北京: 机械工业出版社.

[美]格兰特·W·里德, 美国风景园林设计师协会. 2004. 园林景观设计——从概念到形式[M]. 陈建业, 赵寅, 译. 北京: 中国建筑工业出版社.

米歇尔·劳瑞. 2012. 景观设计学概论[M]. 张丹, 译. 天津: 天津大学出版社.

[美]麦克哈格. 1992. 设计结合自然[M]. 芮经纬, 译. 北京: 中国建筑工业出版社.

刘滨谊. 2002. 城市道路景观规划设计[M]. 南京: 东南大学出版社.

邱建. 2012. 景观设计初步[M]. 北京: 中国建筑工业出版社.

俞孔坚, 李迪华. 2005. 景观设计: 专业与学科教育[M]. 北京: 中国建筑工业出版社.

周维权. 1999. 中国古典园林史[M]. 北京: 中国建筑工业出版社.

公伟, 武慧兰. 2011. 景观设计基础与原理[M]. 北京: 中国水利水电出版社.

黄华明. 2008. 现代景观建筑设计[M]. 武汉: 华中科技大学出版社.

刘蔓. 2000. 景观艺术设计[M]. 重庆: 西南师范大学出版社.

陈六汀, 梁梅. 2004. 景观艺术设计[M]. 北京: 中国纺织工业出版社.

[明]计成. 2010. 园冶图说[M]. 赵农, 注释. 济南: 山东画报出版社.

中国建筑工业出版社. 2010. 文人园林建筑[M]. 北京: 中国建筑工业出版社.

中国建筑工业出版社. 2010. 帝王陵寝建筑[M]. 北京: 中国建筑工业出版社.

中国建筑工业出版社. 1994. 建筑设计资料集5[M]. 2版. 北京: 中国建筑工业出版社.

余树勋. 2006. 园林美与园林艺术[M]. 北京: 中国建筑工业出版社.

藏德奎. 2008. 园林植物造景[M]. 北京: 中国林业出版社.

李道增. 1999. 环境行为学概论[M]. 北京: 清华大学出版社.

顾奇伟. 2011. 古觅本土建筑[M]. 昆明: 云南出版集团公司, 云南科技出版社.

彭一刚. 1992. 传统村镇聚落景观分析[M]. 北京: 中国建筑工业出版社.

石克辉, 胡雪松. 2003. 云南乡土建筑文化[M]. 南京: 东南大学出版社.

世界建筑杂志社. 1989. 国外新住宅100例[M]. 天津: 天津科学出版社.

[英]卢斯·斯拉维德 Ruth Slavid. 微建筑[M]. 吕玉婵, 译. 北京: 金城出版社, 2011.

[日]中村好文. 2008. 意中的建筑—空间品味卷[M]. 林铮顗, 译. 北京: 中国人民大学出版社.

[美] 查尔斯·莫尔, 威廉·米歇尔, 威廉·图布尔. 2012. 看风景[M]. 李斯, 译, 哈尔滨: 北方文艺出版社.

[意]马可·布萨利. 2013. 理解建筑[M]. 张晓春, 金迎, 林晓妍, 译. 北京: 清华大学出版社.

[意]马可·布萨利. 2009. 认识建筑[M]. 张晓春, 李翔宁, 等译. 北京: 清华大学出版社.

韩国C3出版公社. 2011. 小型建筑[M]. 王单单, 李群, 赵珊珊, 等译. 大连: 大连理工大学出版社.

韩国C3出版公社. 2012. 混凝土语言[M]. 时跃, 高文, 赵珊珊, 等译. 大连: 大连理工大学出版社.

韩国C3出版公社. 2012. 图书馆的变迁[M]. 高文, 赵薇, 赵珊珊, 等译. 大连: 大连理工大学出版社.

马薇, 张宏伟. 2012. 美国绿色建筑理论与实践[M]. 北京: 中国建筑工业出版社.

马辉. 2010. 景观建筑设计理念与应用[M]. 北京: 中国水利水电出版社.

尹文, 顾小玲. 2010. 风景园林设计[M]. 上海: 上海人民美术出版社.

胥传阳. 2005. 公厕设计通论[M]. 上海: 同济大学出版.

建设部标准定额研究所. 2008. 公共厕所设计导则[M]. 北京: 中国建筑工业出版社.

田永复. 2008. 中国园林建筑构造设计[M]. 2版. 北京: 中国建筑工业出版社.

[英]洛兰·法雷利. 2010. 构造与材料[M]. 黄中浩, 译. 大连: 大连理工大学出版社.

刘建荣, 翁季. 2005. 建筑构造下册[M]. 3版. 北京: 中国建筑工业出版社.

注册建筑师考试辅导教材编委会. 2009. 2010一级注册建筑师考试辅导教材第二分册 建筑结构[M]. 北京: 中国建筑工业出版社.

赵方冉. 2002. 装饰装修材料[M]. 北京: 中国建材工业出版社.

黄麟涵. 2011. 中国城市公共墓园景观规划设计初探[D]. 重庆: 重庆大学.

吕品晶, 王威. 2012. 融合与超越——挪威国家旅游路线景观建筑与设计的启示[J]. 建筑学报(2): 93-100.

郑捷, 陈坚. 2012. 浙江杭州灵隐景区法云古村改造设计[J]. 建筑学报(6): 83-85.

黄斐澜, 黄仁. 2007. 杭州余杭东来阁[J]. 建筑学报(3): 61-63.

时匡. 2007. 扬州体育馆[J]. 建筑学报(3): 50-53.

李保峰, 赵逵, 熊雁. 2007. 王屋山世界地质公园博物馆[J]. 建筑学报(1): 49-51.

吕红波, 王玉良. 2007. 长春净月潭森林高尔夫球场会所[J]. 建筑学报(1): 61-63.

范雪. 2007. 苏州博物馆新馆[J]. 建筑学报(2): 36-42.

王浩, 蔡亦龙, 刘治平, 等. 2007. 山地独立式酒店的规划与设计研究——以中欧论坛溧阳会址为例[J]. 建筑学报(5): 80-83.

刘克成. 2011. 小品田园——西安世界园艺博览会灞上人家服务区设计[J]. 建筑学报(8): 23-25.

杨一石. 2014. 漂浮城墙[J]. 建筑知识(5): 62-67.

李莹. 2014. 大地之歌[J]. 建筑知识(5): 16-21.

张文英. 2009. 美国墓园的发展与演变[J]. 中国园林(3): 12-18.

杨锐, 等. 2011. 增设风景园林学为一级学科的论证报告[J]. 中国园林(5): 4-8.

[日]户田芳树. 2011. 日本的新景观空间——对外开放空间的景观[J]. 刘佳, 倪亦南, 译. 中国园林(5): 33-35.

朱育帆, 姚玉君. 2007. "都市伊甸"——北京商务中心区（CBD）现代艺术中心公园规划与设计[J]. 中国园林(11): 50-56.

候建芬, 王静. 2006. 现代木构建筑技术的发展与空间应用特征[J]. 室内设计与装修(1): 110-113.

曹理. 1999. 共同的家园——99世博会人与自然馆[J]. 室内设计与装修(5): 15-17.

West 8 urban design & landscape architecture. 2012. 巴亚尔塔港马雷大道[J]. 吴迪, 译. 景观设计(3): 80-83.

Reiulf Ranstad建筑事务所. 2012. Trollwall餐厅[J]. 满运洁, 译. 景观设计(3): 84-89.

Jensen & Skodvin Architects. 2012. Juvet景观酒店[J]. 郭震, 译. 景观设计(3): 18-27.

[日]佐佐木叶二, 远藤刚生. 2005. 箕面市萱野新购物中心[J]. LANDSCAPE DESIGN(1): 78-85.

图1-1，来源：http://nocertainty.blog.sohu.com/62269614.html

图1-2，来源：图1-2a引自《云南旅游》2010（2）：91

图1-2b，引自《中国园林》2010（09）封面

图1-3，来源：http://www.chinabaike.com/article/316/327/2007/2007022157025.html

图1-4，来源：http://so.baike.com/s/tupian/索尔.C.O.

图1-5，图1-6，来源：张雁鸽摄

图1-7，来源：《室内设计与装修》2006(1):47

图1-8，来源：《云南旅游》11

图1-9，来源：张雁鸽摄

图1-10，来源：《理解建筑》：179

图1-11，图1-12，来源：《C3建筑立场系列丛书No.5: 小型建筑》：41-45

图1-13，来源：《C3建筑立场系列丛书No.15图书馆的变迁》：77

图1-14，来源：《建筑学报》2007（3）：51

图1-15，来源：《建筑学报》2007（2）：37

图1-16，来源：http://www.lvshedesign.com/archives/15359.html

图1-17，来源：刘叶舟摄

图1-18，来源：http://www.lvshedesign.com/archives/15359.html

图1-19，来源：《景观设计》2012（1）：42-45

图1-20，来源：《国外新住宅100例》：198-199

图1-21，来源：《景观设计》2012（7）：84

图1-22，来源：《景园规划与设计》：22

图1-23，来源：《景园规划与设计》：25

图1-24，来源：《看风景》：145

图1-25，来源：《文人园林建筑》：27

图1-26，来源：《文人园林建筑》：41

图1-27，来源：《文人园林建筑》：30

图1-28，来源：《文人园林建筑》：36

图1-29，来源：《西方现代景观设计的理论与实践》：1

图1-30，来源：《西方现代景观设计的理论与实践》：1

图1-31，来源：《理解建筑》：29

图1-32，来源：刘叶舟摄

图1-33，来源：刘叶舟摄

图1-34，来源：《西方现代景观设计的理论与实践》：3

图1-35，来源：《西方现代景观设计的理论与实践》：3

图1-36a，来源：维康府邸

图1-36b，凡尔赛花园航拍照片，《西方现代景观建筑的理论与实践》：4

图1-37，来源：《西方现代景观建筑的理论与实践》：25

图1-38，来源：刘叶舟摄

图1-39，来源：《西方现代景观设计的理论与实践》：25

图1-40，来源：《西方现代景观设计的理论与实践》：28

图1-41，来源：《西方现代景观设计的理论与实践》：29

图1-42，来源：刘叶舟摄

图1-43，来源：《西方现代景观设计的理论与实践》：58

图1-44，来源：《西方现代景观设计的理论与实践》：33

图1-45，来源：《西方现代景观设计的理论与实践》：32

图1-46，来源：《西方现代景观设计的理论与实践》：38

图1-47，来源：《西方现代景观设计的理论与实践》：151

图1-48，来源：《西方现代景观设计的理论与实践》：156

图2-1，来源：《云南乡土建筑文化》：41

图2-2，来源：张雁鸽摄

图2-3，来源：刘叶舟摄

图2-4，来源：《景观设计学概论》：197-198

图2-5，来源：《景观设计学概论》：200

图2-6，来源：张永懋摄

图2-7，来源：《建筑学报》2007(1): 62

图2-8，来源：图2-8a，《时代楼盘》2008（3）：05；图2-8b，《云南乡土建筑文化》：24

图2-9～图2-11，来源：《建筑知识》2014105）：16-19

图2-12，来源：张雁鸽摄

图2-13，来源：张雁鸽摄

图2-14，来源：《意中的建筑·空间品味卷》：21

图2-15，来源：《威尼斯·佛罗伦萨·那波利·罗马与梵蒂冈城》：130

图2-16，来源：《景观设计学概论》：195

图2-17，来源：《景观设计》2012，3（51）：4

图2-18，来源：《C3建筑立场系列丛书No.15图书馆的变迁》：156-160

图2-18，来源：《C3建筑立场系列丛书No.15图书馆的变迁》：156-160

图2-19，来源：《西方现代景观设计的理论与实践》：82

图2-20，来源：《西方现代景观设计的理论与实践》：135

图2-21，来源：《景观设计》，2012，3：97

图2-22，来源：《中国园林》2007(11): 37

图2-23，来源：宁江明摄

图2-24，来源：《构造与材料》：118-119

图2-25，来源：《建筑知识》2014(5): 58

图2-26，来源：《景观设计》2012(3): 74

图2-27，来源：《景观设计》2012(1): 88

图2-28，来源：《中国园林》2010(9): 42

图2-29，来源：《云南旅游》：117

图2-30，刘叶舟摄

图2-31，来源：《景观设计》2012(3): 47

图2-32，来源：《LANDSCAPE DESING》2005(3): 76

图2-33，来源：《中国园林》2010(6): 16

图2-34，来源：《建筑学报》2007(2): 35

图2-35，来源：《景观设计》2012(3): 109

图2-36，来源：《景观设计》2013(3): 120

图2-37，来源：《景观设计》2012(3): 107

图2-38，来源：《中国园林》2007(11): 39

图2-39～2-43，来源：《中国园林》2007(11): 54-55

图2-44，来源：《LANDSCAPE DESING》2005(3): 98

图2-45，来源：《中国园林》2007(10): 31

图2-46，图2-47，来源：《LANDSCAPE DESING》2005(3): 84

图2-48，来源：《LANDSCAPE DESING》2005(3): 83

图2-49，来源：《美国绿色建筑理论与实践》：275

图2-50，来源：《西方现代景观设计的理论与实践》：133

图2-51，来源：《景观设计》，2012，5（3）：31，张雁鸽摄

图2-52，来源：张雁鸽摄

图2-53，来源：《驿路商旅第一村和顺》：58-59

图2-54，来源：张雁鸽摄

图2-55，来源：《云南旅游》：117

图2-56，来源：张琛绘制

图2-57，来源：张琛绘制

图2-58，来源：张琛绘制

图2-59，来源：《建筑学报》2007(3): 62

图2-60，来源：《LANDSCAPE DESING》2005(1): 64

图2-61，来源：《景观艺术设计》：10

图2-62，来源：《风景园林设计》：89

图2-63，来源：《景观设计》2012(3): 82

图2-64，来源：《LANDSCAPE DESING》2005(1): 85

图2-65，来源：《LANDSCAPE DESING》2005(1): P98-99

图2-66，来源：《城市景观设计》：35

图2-67，来源：筑龙网

图2-68，来源：《中国园林》2011(5): 31-32

图2-69，来源：《LANDSCAPE DESING》2005(1): 78-79

图2-70，来源：《微建筑》：49

图2-72～图2-75，来源：刘叶舟摄

图2-76，来源：张雁鸽摄

图2-77, 来源:《云南乡土建筑文化》: 113

图2-78, 来源:《云南旅游》: 79

图2-79, 来源图2-79a引自: http://kmljjlj.blog.sohu.com, 图2-79b引自: 李天宇绘

图2-80, 来源:《云南旅游》: 97

图2-81, 来源:《云南旅游》: 99

图2-82, 来源:《云南旅游》: 100

图2-83, 来源: 刘叶舟摄

图2-84, 来源:《云南乡土建筑文化》: 176

图2-85, 来源: 张雁鸰摄

图2-86~图2-88, 来源: 周川摄

图2-89, 来源:《景观设计》2012(3): 76

图2-90, 来源: 张雁鸰摄

图2-91, 来源:《LANDSCAPE DESING》2005(1): 47

图2-92, 来源:《园林景观设计——从概念到形式》: 113

图2-93, 来源:《园林景观设计——从概念到形式》: 148

图2-94, 来源:《景观设计》2013(3): 80-82

图3-1, 来源: 张琛绘

图3-2, 源: 张琛绘

图3-3, 来源: 张琛绘

图3-4, 来源: 邓小杰绘

图3-5, 来源:《景观设计》2012(5): 84-85

图3-6, 来源: 张琛绘

图3-7, 来源: 张琛绘

图3-8, 来源: 张琛绘

图3-9, 来源: 张琛绘

图3-10, 来源: 张琛绘

图3-11, 来源:《建筑学报》2012(6): 75

图3-12, 来源:《建筑学报》2012(6): 74

图3-13, 来源:《建筑学报》2012(6): 77

图3-14, 来源:《景观设计》2012(5): 19, 21

图3-15, 来源:《建筑学报》2007(5): 82, 83

图3-16, 来源: 张琛绘

图3-17, 来源: 张琛绘

图3-18, 来源: 张琛绘

图3-19, 来源: 张琛绘

图3-20, 来源: 张琛绘

图3-21, 来源: 张琛绘

图3-22, 来源: 张琛绘

图3-23, 图3-24, 来源:《建筑学报》2007(1): 51

图3-25, 来源:《建筑学报》2007(1): 51

图3-26, 来源:《室内设计与装修》2006(1): 111-112

图3-27, 来源:《传统村镇聚落景观分析》: 133, 邓小杰绘

图3-29, 来源:《景观艺术设计》: 101

图3-30, 来源: http://photo.zhulong.com/proj/detail8580.html.

图3-31, 来源: http://photo.zhulong.com/proj/detail8582.html.

图3-32, 来源: http://photo.zhulong.com/proj/detail51122.html.

图3-33, 来源: 周川提供

图3-34, 来源:《西方现代景观设计的理论与实践》: 41, www.baidu

图3-36, 来源: 乃古石林之"门"实景手绘 (来源:《古苃本土建筑》: 315、317)

图3-37, 来源: 泸西阿庐古洞入口示意 (来源:《古苃本土建筑》: 292)

图3-38, 来源: 泸西阿庐古洞入口建筑 (来源:《古苃本土建筑》: 292)

图3-39, 来源: http://www.nipic.com/show/1/38/4996031kc6b774be.html

图3-40~图3-42, 来源: 张琛绘制

图3-43, 来源:《建筑学报》2011(8): 24

图3-44, 来源:《建筑学报》2011(8): 24

图3-45, 来源:《云南旅游》: 76

图3-46, 来源:《中国园林建筑构造设计》: 179

图3-47, 来源:《中国园林建筑构造设计》: 180

图3-48, 来源:《中国园林建筑构造设计》: 180

图3-49, 图3-50, 来源:《园林美与园林艺术》: 184

图3-51, 来源:《LANDSCAPE DESING》2005(3): 91

图3-52, 来源:《景观艺术设计》: 17

图3-53, 来源:《中国园林》2007(1): 封面

图3-54, 来源:《云南旅游》: 65-66

图3-55, 来源:《风景园林设计》: 60

图3-56, 来源:《禅境景观》: 11

图3-57, 来源:《园林美与园林艺术》: 183

图3-58, 来源:《景观设计》2012(2): 31

图3-59, 来源:《中国园林建筑构造设计》: 186

图3-60, 来源:《中国园林建筑构造设计》: 186

图3-61, 来源:《中国园林建筑构造设计》: 188

图3-62, 来源:《建筑学报》2007(2): 62

图3-63, 来源:《云南旅游》: 63

图3-64, 来源:《中国园林建筑构造设计》: 212

图3-65, 来源:《园冶图说》: 69

图3-66, 来源:《景观设计》2012(1): 74-76

图3-67, 来源:《禅境景观》: 11、《认识建筑》: 166

图3-68, 来源:《中国园林建筑构造设计》: 226

图3-69, 来源:《中国园林建筑构造设计》: 230

图3-70, 来源:《人文园林建筑》: 83

图3-71, 来源:《景观建筑设计理念与运用》: 19

图3-72, 来源: 刘叶舟摄、《景观设计》2012(5): NO3.总第51期, 75、《微建筑》: 207

图3-73, 来源:《景观设计》2012(9):

图3-74, 来源:《建筑学报》2012(2): 97, 46-47

图3-75, 来源:《微建筑》: 37, 40

图3-76, 来源:《建筑学报》2011(8): 42

图3-77, 来源:《中国园林》2009(3): 48

图3-78, 来源:《景观设计》2012(5): 71

图3-79, 来源:《建筑学报》2005(11): 54

图3-80, 来源:《建筑学报》2007(2): 41

图3-81, 来源:《西方现代景观设计的理论与实践》: 158

图3-82, 来源:《LANDSCAPE DESING》2005(3): 102

图3-83, 来源:《风景园林设计》: 54

图3-84, 来源: 张琛绘

图3-85, 来源: 刘叶舟摄、《西方现代景观设计的理论与实践》: 15、《建筑学报》2011(8): 50

图3-86, 来源:《景观设计》2012(5): 83

图3-87, 来源:《景观设计》2012(7): 82

图3-88, 笨源: 张雁鸰摄、《景观设计》2012(5): 32

图3-89, 来源:《景观艺术设计》: 80

图3-90, 来源:《景观艺术设计》: 44

图3-91, 来源:《景观艺术设计》: 16

图3-92, 来源:《景观艺术设计》: 92

图3-93~图3-97, 来源:《室内设计》2001(4): 89

图3-98, 来源:《西方现代景观设计的理论与实践》: 190

图3-99, 来源: 张雁鸰摄、吴志鸿摄

图3-100, 来源:《建筑学报》2007(2): 41

图3-101, 来源:《景观艺术设计》: 30, 22

图3-102, 来源:《中国园林》2010(6): 68

图3-103, 来源: 刘叶舟摄、张雁翎摄

图3-104, 来源:《景观设计》2012(3): 46、《景观艺术设计》: 42、《C3建筑列丛书NO.15 图书馆的变迁》: 78

图3-105, 来源:《建筑学报》2007(2): 34

图3-106, 来源:《中国园林》2009(3): 43、《中国园林》2011(5): 54

图3-107~图3-110，来源：《建筑知识》2014(5)：64~67

图3-111，来源：刘叶舟摄

图3-112，来源：《微建筑》：11

图3-113，来源：刘叶舟摄

图3-114，来源：刘叶舟摄

图3-115，来源：刘叶舟摄

图3-116，来源：刘叶舟摄、《微建筑》：10

图3-117，来源：《景观设计基础与原理》：121

图3-118，来源：《公共厕所设计导则》：78

图3-119，来源：《公共厕所设计导则》：79

图3-120，来源：《LANDSCAPE　DESING》2005(3)：100

图3-121，来源：《微建筑》：19，P21

图3-122~图3-124，来源：《中国园林》2009(3)：14

图3-125，来源：《中国园林》2009(3)：16

图3-126，来源：《帝王陵寝建筑》：5

图3-127，来源：《景观艺术设计》：23

图3-128，来源：《古觅本土建筑》：283

图3-129，来源：《意中的建筑—空间品味卷》：68、《意中的建筑—空间品味卷》：7

图3-130，来源：《意中的建筑—空间品味卷》：65~66

图3-131，来源：《西方现代景观设计的理论与实践》：189

图3-132，来源：刘叶舟摄

图4-1，来源：《认识建筑》：78

图4-2，来源：《认识建筑》：188

图4-3，来源：《材料与构造》：85

图4-4，来源：《室内设计与装修》2006(1)：110~113."现代木构建筑技术的发展与空间应用特征"侯建芬 王静

图4-5，来源：《建筑学报》2007(3)：96~99."科学引领建筑创作——简评托马斯·赫尔佐格的汉诺威世博会大屋顶"宋晔皓 张凌云、孙茹雁摄

图4-6~图4-9，来源：《C3建筑立场系列丛书 No.5 小型建筑》：62、64、66

图4-10，来源：《构造与材料》P17

图4-11，来源：《理解建筑》：95

图4-12，来源：《建筑学报》2012(6)：88

图4-13，来源：张雁鸰摄

图4-14，来源：刘叶舟拍摄

图4-15，来源：《景观建筑设计原理理念与应用》：162

图4-18，来源：张雁鸰摄

图4-19，来源：《建筑知识》2014(5)：99

图4-20，来源：《建筑知识》2014(5)：77

图4-21，来源：《建筑学报》2007(1)：62

图4-22，来源：石材《构造与材料》：170

图4-23，来源：砌体结构《认识建筑》：83

图4-24，来源：混凝土的特点 (来源：《C3建筑立场系列丛书No.18混凝土语言》：96

图4-25，来源：《构造与材料》：55

图4-26，来源：《西方现代景观设计的理论与实践》：123

图4-27，来源：刘叶舟摄

图4-28，来源：刘叶舟摄

图4-29，来源：《C3建筑立场系列丛书No.18混凝土语言》：90、95

图4-30，来源：http://blog.sina.com.cn/haijinchen、《理解建筑》：80

图4-31，来源：刘叶舟摄

图4-32，来源：《构造与材料》：98

图4-33，来源：《理解建筑》：41

图4-34，来源：《建筑构造》下册：113

图4-35，来源：《室内设计与装修》1999(5)：17

图4-36，来源：《室内设计与装修》1999(5)：17

图4-37，来源：《云南旅游》：114

图4-38，来源：《认识建筑》：69

图4-39，来源：《建筑构造》下册：120

图4-40，来源：《理解建筑》：169

图4-41，来源：《理解建筑》：169

图4-42，来源：《建筑构造》下册：116

图4-43，来源：刘叶舟摄

图4-44，来源：《理解建筑》：167

图4-45，来源：《材料与构造》：134~135

图4-46，来源：《中国园林》2009(3)：前插5、《中国园林》、2009(3)：前插3、《园林景观设计从概念到形式》：136

图4-47，来源：《西方现代景观设计的理论与实践》：164

图4-48，来源：《建筑知识》2014（5）：92